机械制图与 CAD 习题集

主　编　封金祥　姜　隆　史晓君
副主编　刘　硕　邱瑞杰　王　鹤
　　　　陈永久　张福琴　彭晓彭

北京理工大学出版社
BEIJING INSTITUTE OF TECHNOLOGY PRESS

内 容 简 介

本习题集配套封金祥、姜隆、史晓君主编的《机械制图与CAD》,共包括8个模块。本习题集既可用于高职高专机电相关专业教学使用,也可作为技术人员的参考用书。

版权专有　侵权必究

图书在版编目（CIP）数据

机械制图与CAD习题集／封金祥,姜隆,史晓君主编.—北京：北京理工大学出版社,2016.8
ISBN 978-7-5682-2878-7

Ⅰ.①机…　Ⅱ.①封…②姜…③史…　Ⅲ.①机械制图-AutoCAD软件-高等学校-习题集　Ⅳ.①TH1126-44

中国版本图书馆CIP数据核字（2016）第197262号

出版发行／北京理工大学出版社有限责任公司	
社　　址／北京市海淀区中关村南大街5号	
邮　　编／100081	
电　　话／（010）68914775（总编室）	
（010）82562903（教材售后服务热线）	
（010）68948351（其他图书服务热线）	
网　　址／http://www.bitpress.com.cn	
经　　销／全国各地新华书店	
印　　刷／三河市华骏印务包装有限公司	
开　　本／787毫米×1092毫米　1/16	
印　　张／8.5	责任编辑／赵　岩
字　　数／190千字	文案编辑／赵　岩
版　　次／2016年8月第1版　2016年8月第1次印刷	责任校对／周瑞红
定　　价／20.00元	责任印制／马振武

图书出现印装质量问题,请拨打售后服务热线,本社负责调换

前 言

本书按高职高专教育对机械制图及 CAD 的教学要求，把握职业教育的培养方向和目标，本着以生产实践教学为主，着重操作技能的训练，适当扩大训练范围的原则，在理论课程内容的设置上，按照适应操作技能培养和今后继续进修、提高本职工作能力的需要来安排，体现了以应用知识为主，突出讲练结合，突出针对性、实践性和适应性的特点。本书配套《机械制图与 CAD》使用，为模块一到模块八部分内容。

根据高职院校制造类不同专业的教学要求，本书在内容上有所侧重或删减，以适应生产第一线对各类应用型人才的要求。

本书由吉林科技职业技术学院封金祥、姜隆，吉林省经济管理干部学院史晓君主编；吉林科技职业技术学院刘硕、邱瑞杰、王鹤，吉林大学应用技术学院陈永久，吉林科技职业技术学院张福琴和彭晓彭为副主编。在编写过程中得到全体老师的大力支持，在此表示感谢。

限于编者水平，且时间仓促，本书难免存在缺点和不足，恳请广大师生批评指正。

编 者

目　录

模块一　制图的基本知识 …………………………………………………………………（1）

模块二　画法几何基础 ……………………………………………………………………（9）

模块三　轴测图与三维建模基础 …………………………………………………………（28）

模块四　组合体视图 ………………………………………………………………………（30）

模块五　机件的表达方法 …………………………………………………………………（58）

模块六　标准件与常用件 …………………………………………………………………（85）

模块七　零件图 ……………………………………………………………………………（98）

模块八　装配图 ……………………………………………………………………………（119）

模块一 制图的基本知识

1-1 字体练习。

字体工整笔画清楚间隔均排列整齐横平竖直注意起落

结构匀称填满方格机械制图标准名称技术审核日期轴

班级　　　　　　　姓名　　　　　　　学号

1-2 数字练习。

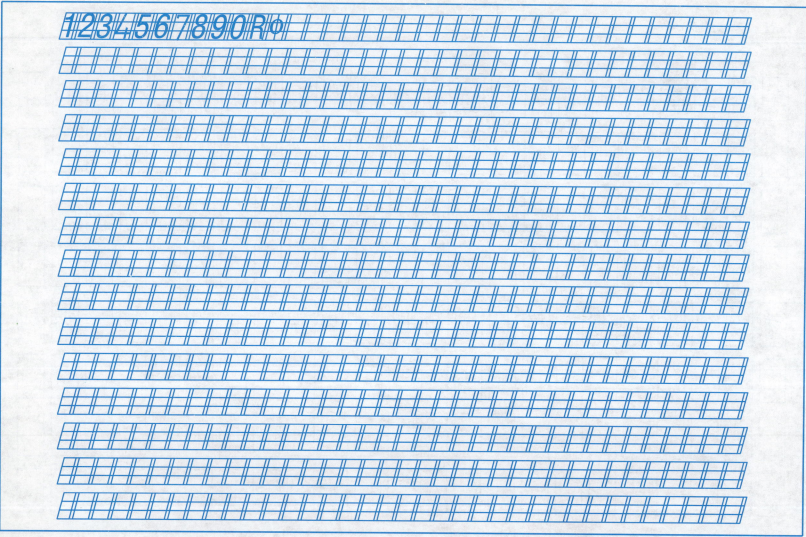

班级　　　　　姓名　　　　　学号

1-3 字母练习。

1-4 图线练习。

在指定位置处，照样画出并补全各种图线和图形。

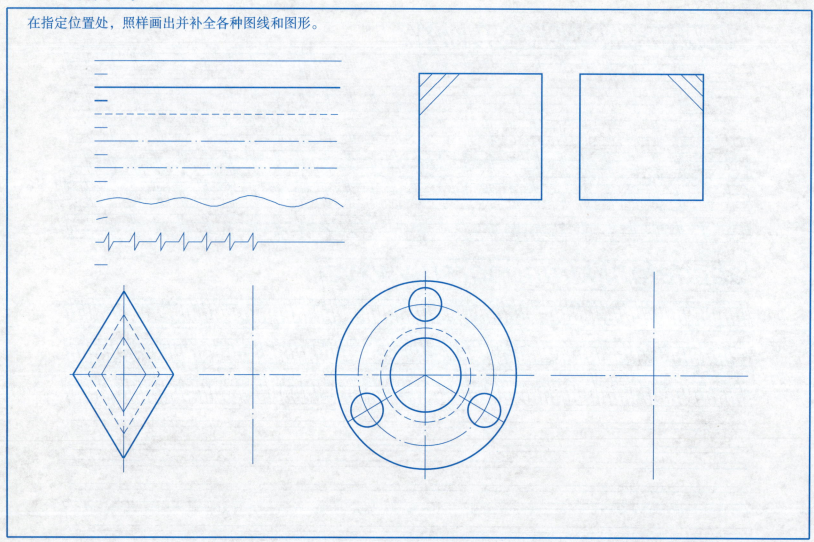

班级　　　　　　　　姓名　　　　　　　　学号

1-5 尺寸注法（一）。

1. 对比阅读下列两图，以便初学者避免标注尺寸时常犯的错误。

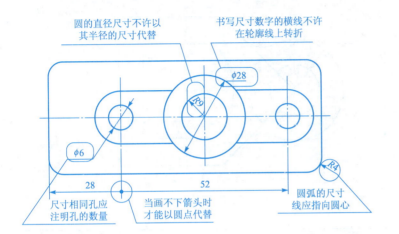
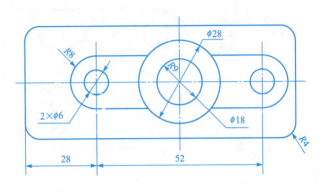

2. 在下列图形中填写未注的尺寸数字和补画遗漏的箭头，其数字的大小和箭头形状大小以图中注出的为准，尺寸数字按1∶1量取，取整数。

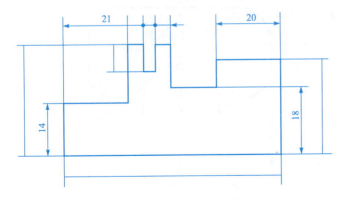
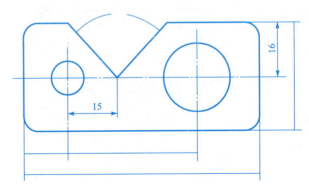

1-5 尺寸注法（二）。

1. 在下列图形中标注尺寸数值（从图中直接量取尺寸数值，并取整数）。

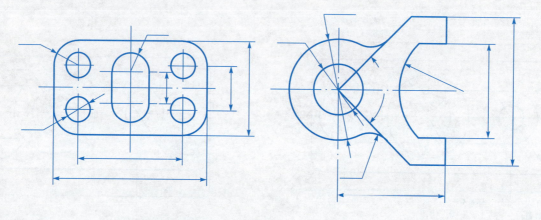

2. 分析左图中尺寸注法的错误，然后在右图中标注出正确的尺寸。

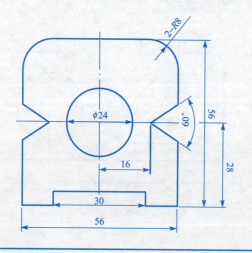
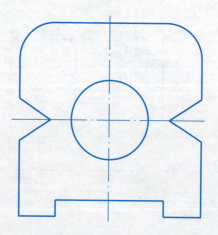

1-6 斜度、锥度练习。

1. 按给定尺寸用 1：1 的比例将下图抄画在下边。

2. 作锥度，并标注尺寸。

1-7 圆弧连接（根据图中的尺寸，按 1∶1 抄画图形）。

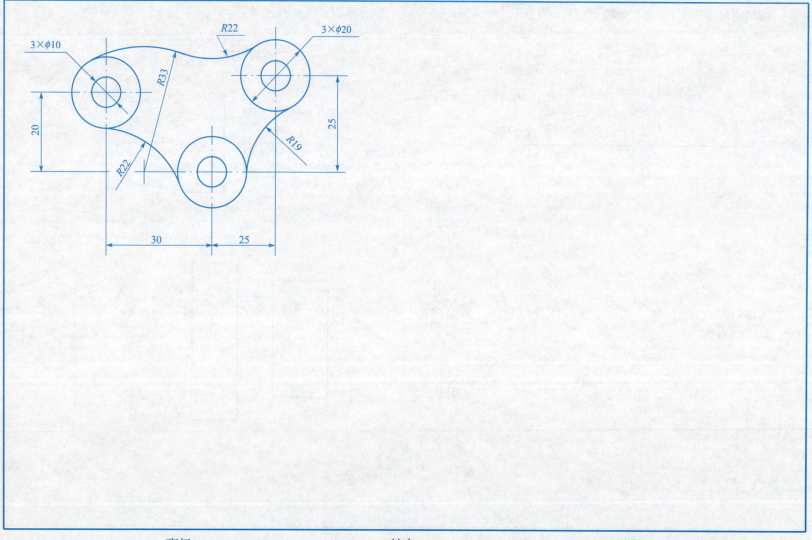

模块二　画法几何基础

2-1　点的投影。

1. 已知点的两面投影、求作第三面投影，并填空说明点的位置。

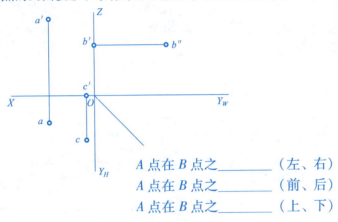

A 点在 B 点之＿＿＿＿（左、右）
A 点在 B 点之＿＿＿＿（前、后）
A 点在 B 点之＿＿＿＿（上、下）

2. 已知 A、B 两点投影，试确定它们的坐标值（数值由图中直接量取）。

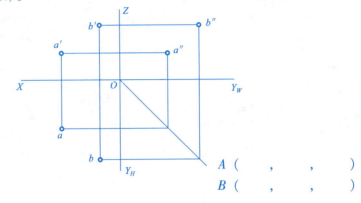

A（　　，　　，　　）
B（　　，　　，　　）

3. 已知各点对投影面的距离，画出各点的三面投影。

	距 W 面	距 V 面	距 H 面
A	10	15	5
B	20	10	20
C	20	20	20

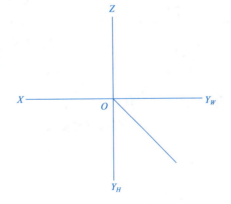

4. 已知点 A 坐标（25，5，15），点 B 在点 A 右方 12，上方 5，前方 10，点 C 在点 A 的正后方 8，求作点 A、B、C 的三面投影。

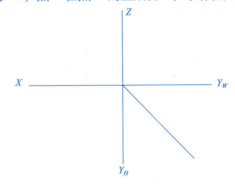

班级　　　　　　姓名　　　　　　学号

2-2 直线的投影（一）。

1. 补画出下列各直线的第三面投影，并说明它们各是什么位置直线。

(1)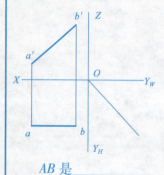

AB 是_____

(2)

CD 是_____

(3)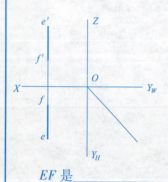

EF 是_____

(4)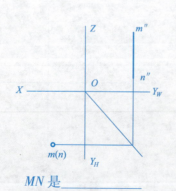

MN 是_____

2. 根据立体图，在物体的投影图中标出 AB、BC、CD、DE 线段的三面投影，并说明它们各是什么位置直线。

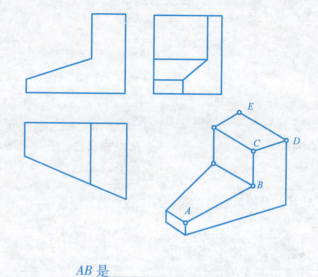

AB 是_____

BC 是_____

CD 是_____

DE 是_____

班级　　　　　姓名　　　　　学号

— 10 —

2-2 直线的投影（二）。

1. 已知点 A（30，20，20），AB 实长为 20 mm，求作正平线 AB（$\alpha=30°$）及 AB 与 W 面的倾角 γ。

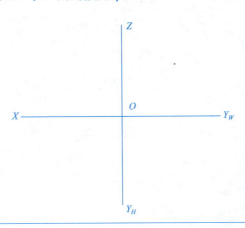

3. 求作 ab，判断 AB 的空间位置，并在图上标出它与 V 面夹角。

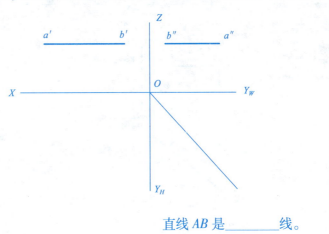

直线 AB 是_____线。

2. 过 A 的正垂线 AB，实长为 12 mm，求作 AB 的三面投影。

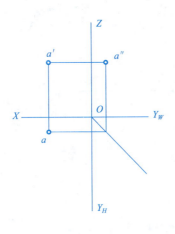

4. 求侧垂线 EF 的三面投影，已知 EF 长为 30 mm，距 V 面 18 mm，距 H 面 15 mm，端点 E 距 W 面 40 mm。

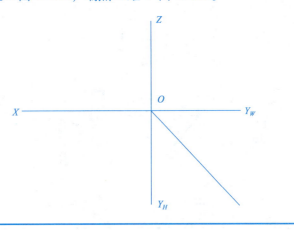

班级　　　　　　　姓名　　　　　　　学号

2-3 平面的投影（一）。

求平面的第三面投影，并判断它们的空间位置。

1.

平面是_____面

2.

平面是_____面

3.

平面是_____面

4.

ABC 面是_____面

2-3 平面的投影（二）。

从视图中给出的平面的积聚性投影"1"出发，在另两视图中找出平面对应投影（将其三面投影和轴测图中的相应表面涂色），并说明其空间位置。

1.

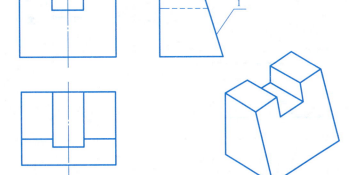

2.

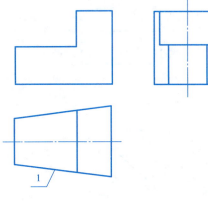

该平面是_____面

该平面是_____面

2-3 平面的投影（三）。

在立体图和投影图上将 P、Q 平面标注完整，并填写它们对各投影面的相对位置。

1.

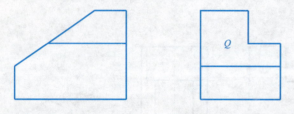

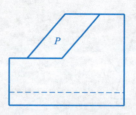

2.

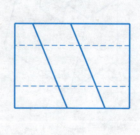

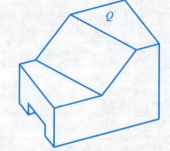

P: _____ V、_____ H、_____ W
Q: _____ V、_____ H、_____ W

P: _____ V、_____ H、_____ W
Q: _____ V、_____ H、_____ W

班级　　　　　姓名　　　　　学号

2-4 根据立体图，补全三视图。

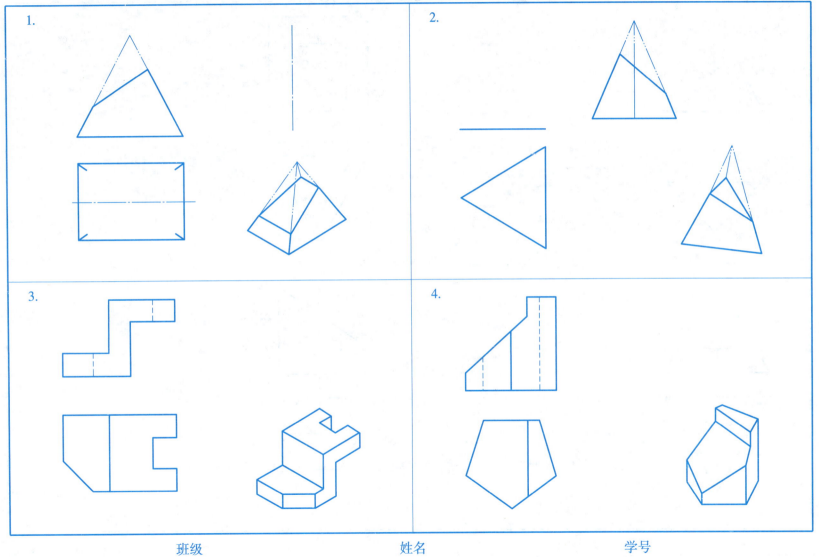

2-5 补画截交线，并完成三视图。

1.

2.

3.

4.

班级　　　　　　　　姓名　　　　　　　　学号

2-6 根据已知视图，完成三视图。

1.
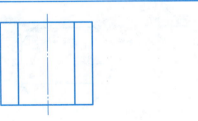

2.
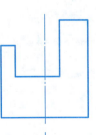

3.
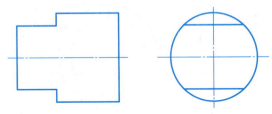

4.
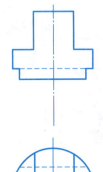

2-7 根据形体已知视图，完成其三视图。

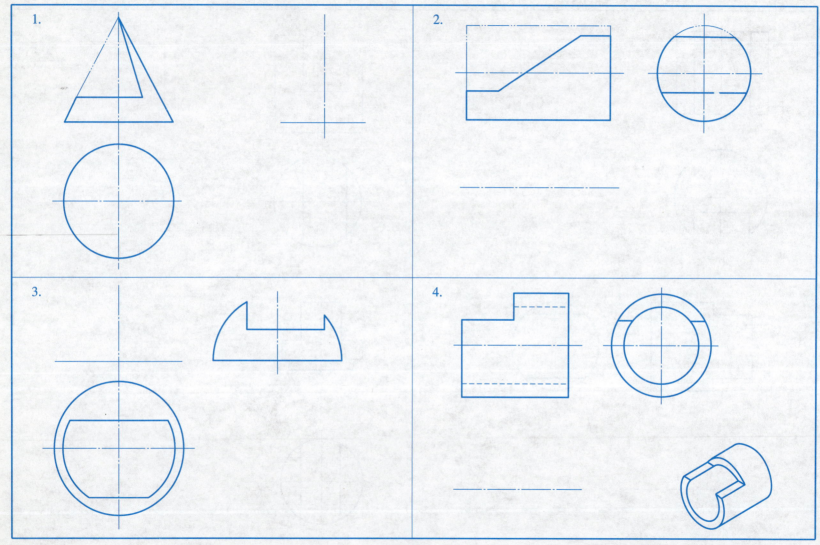

2-8 根据立体图和已知两视图完成切割回转体的第三视图（一）。

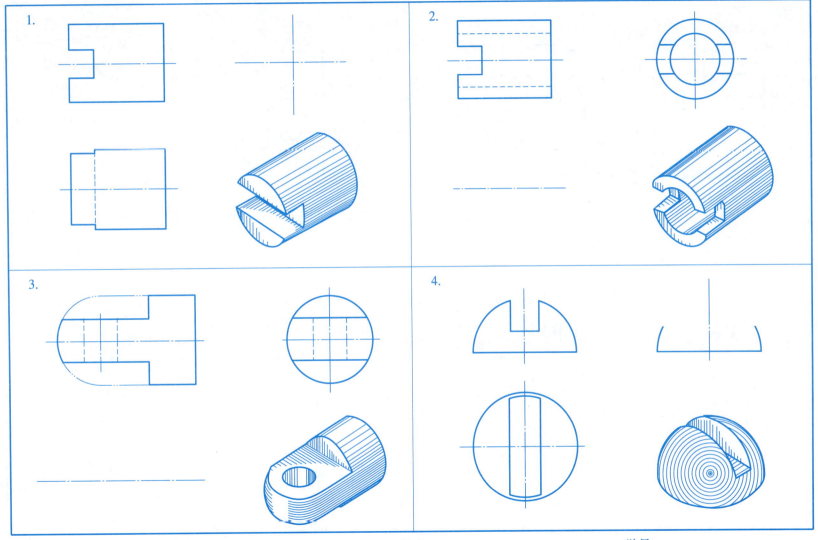

2-8 根据立体图和已知两视图完成切割回转体的第三视图（二）。

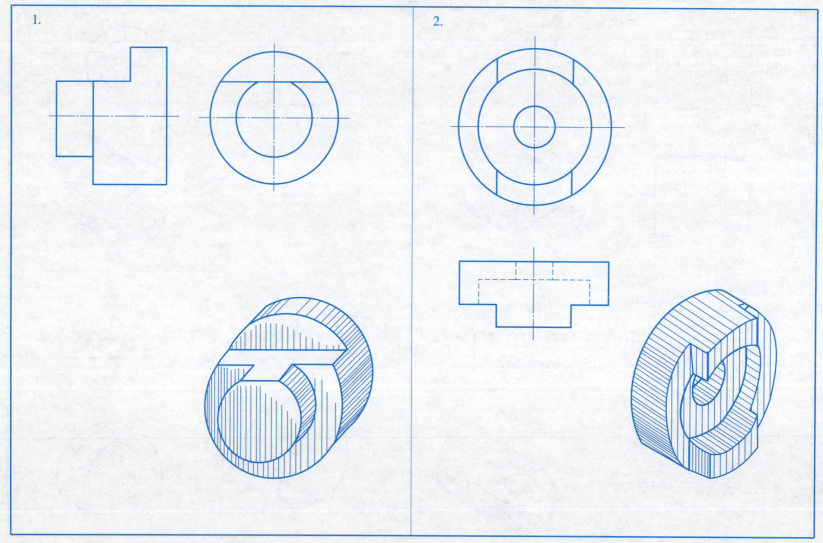

2-9 根据主、左视图，完成俯视图。

1.
2.

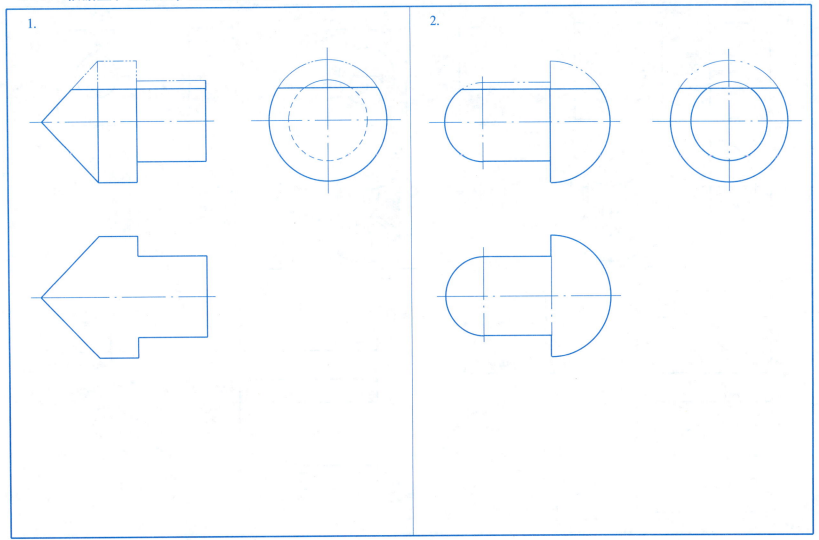

2-10 参照立体图和已知视图，补画出下列视图中的缺线。

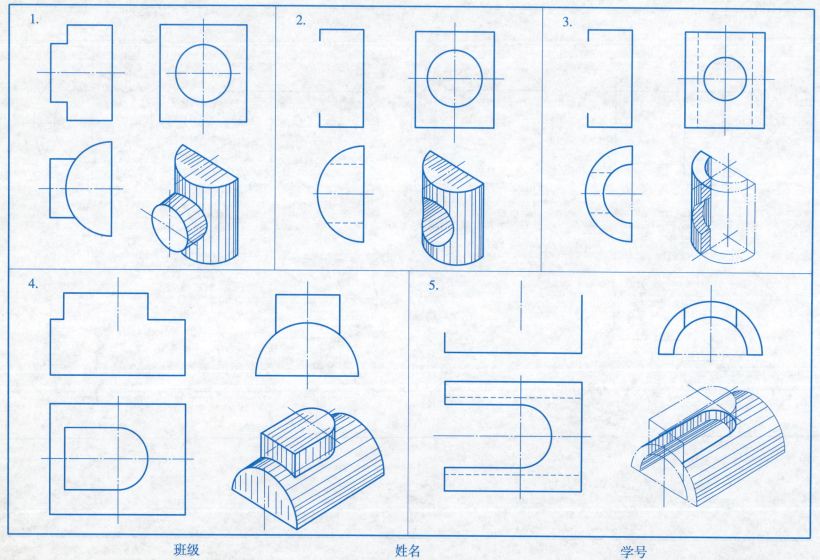

2-11 补画相贯线，完成三视图。

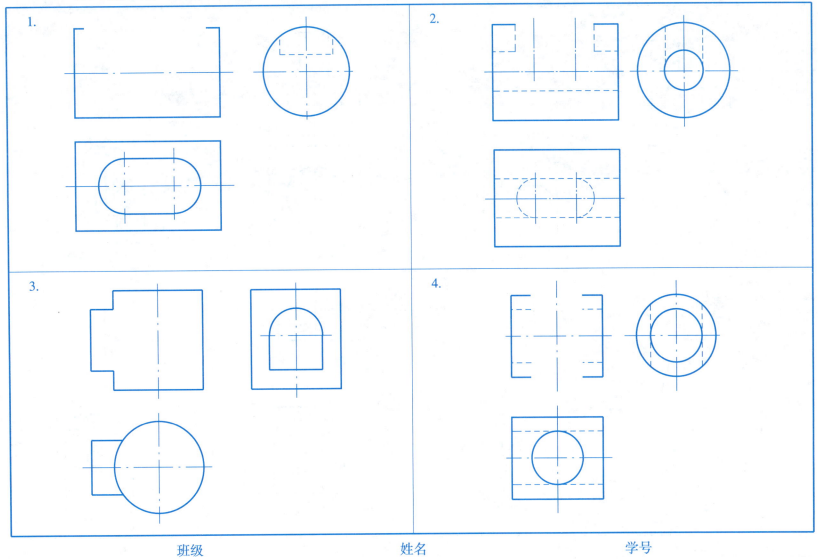

2-12 根据立体图与已知主视图，补画出俯视图中的缺线及左视图。

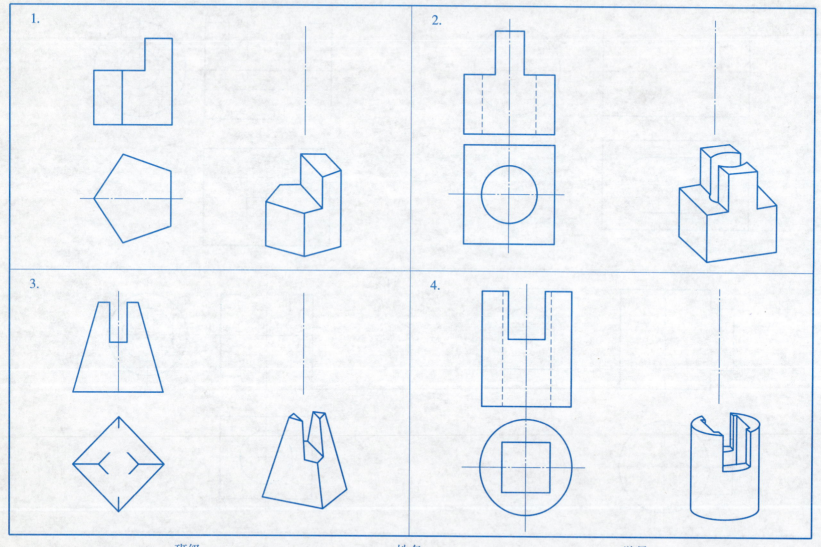

2-13 求作组合相贯线。

1.

2.

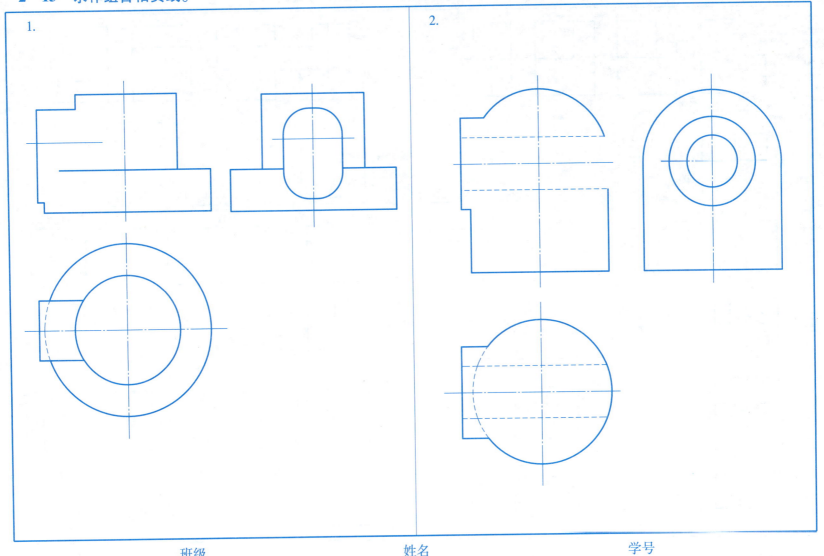

班级 姓名 学号

2-14 已知两视图，找出与其对应的第三视图（在正确的第三视图编号处打"√"）。

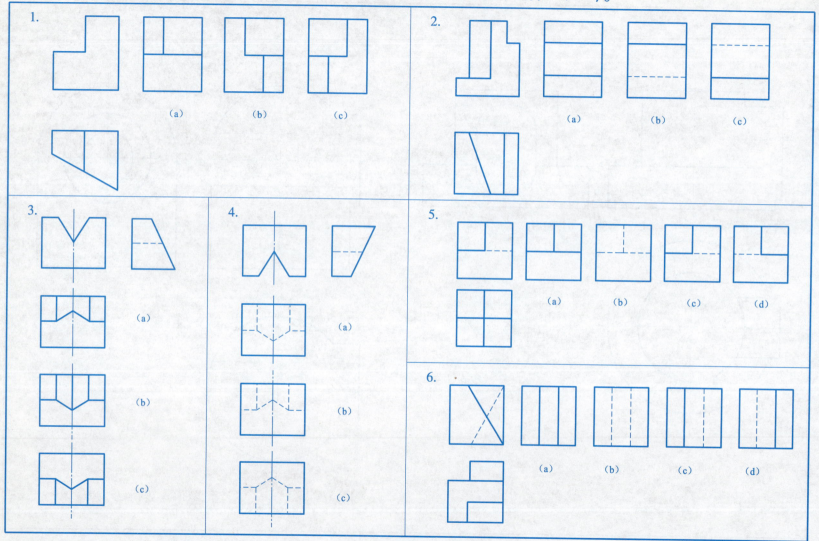

2-15 已知物体的主视图，选择正确的左视图（有多选，也有单选，在正确的左视图下打"✓"）。

1.

2.

3.

4.

班级　　　　　　　　姓名　　　　　　　　学号

模块三 轴测图与三维建模基础

3-1 根据已知的两视图，在指定位置画出正等轴测图。

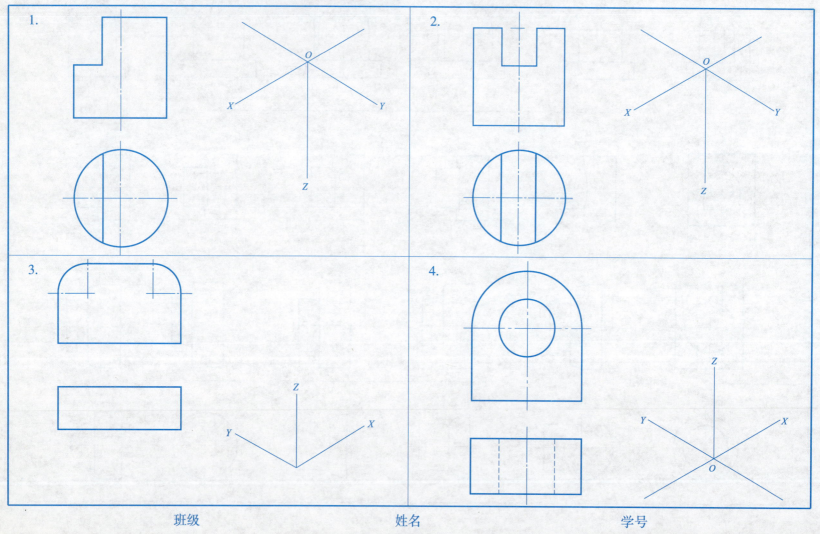

3-2 画出立体的第三视图，并在右下角绘出其斜二测图，比例 1∶2。

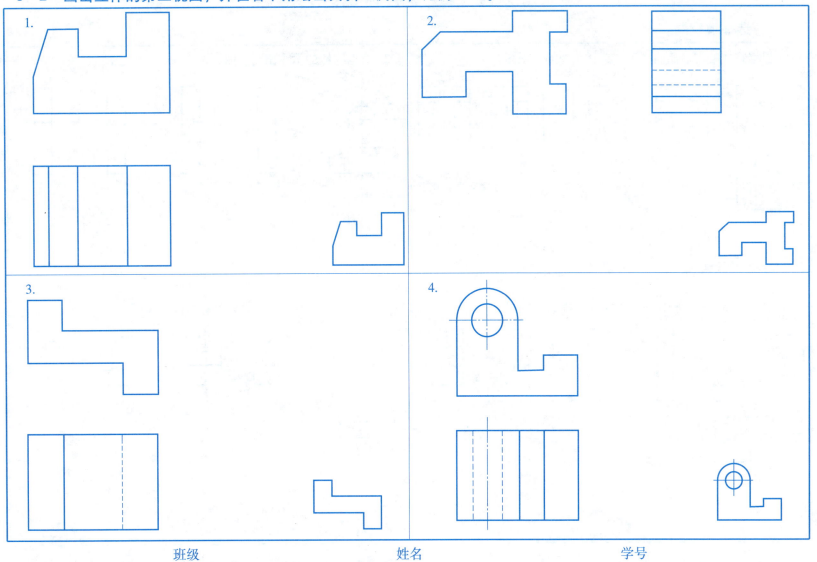

模块四 组合体视图

4-1 选择填空题。

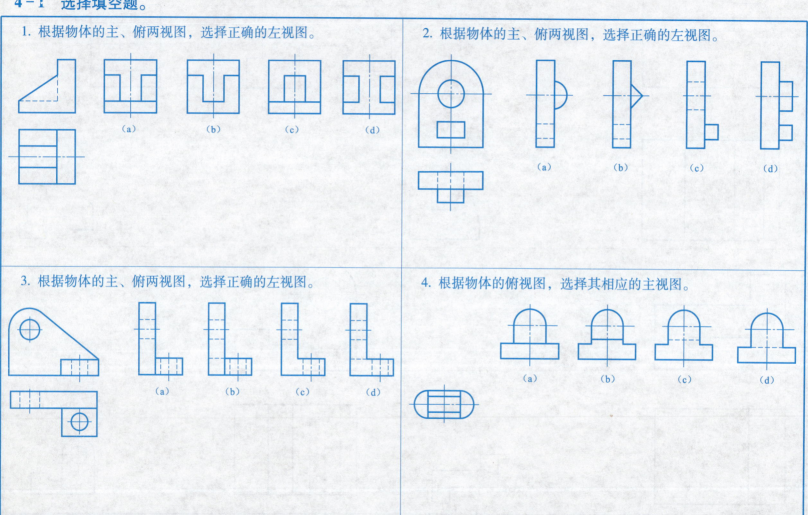

4-2 根据所给的视图，想出物体的形状，并补画视图中所缺的图线。

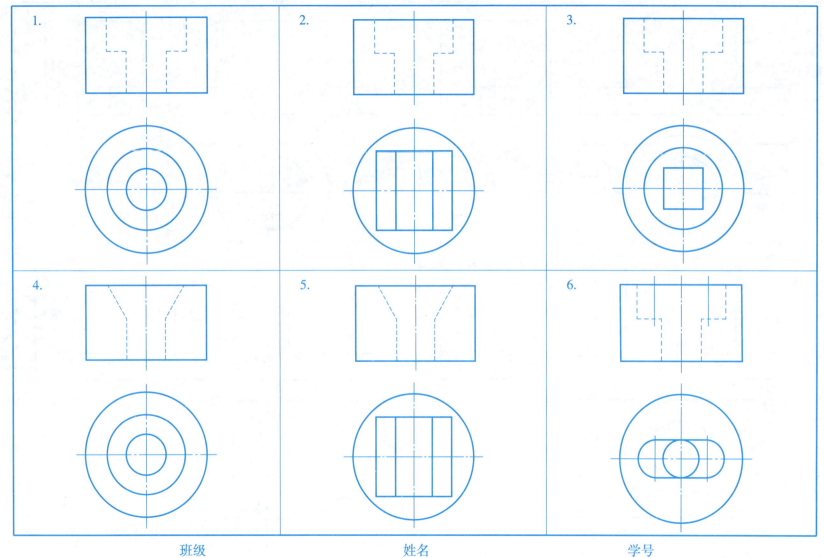

4-3 根据所给的视图，想出物体的形状，并补画视图中所缺的图线。

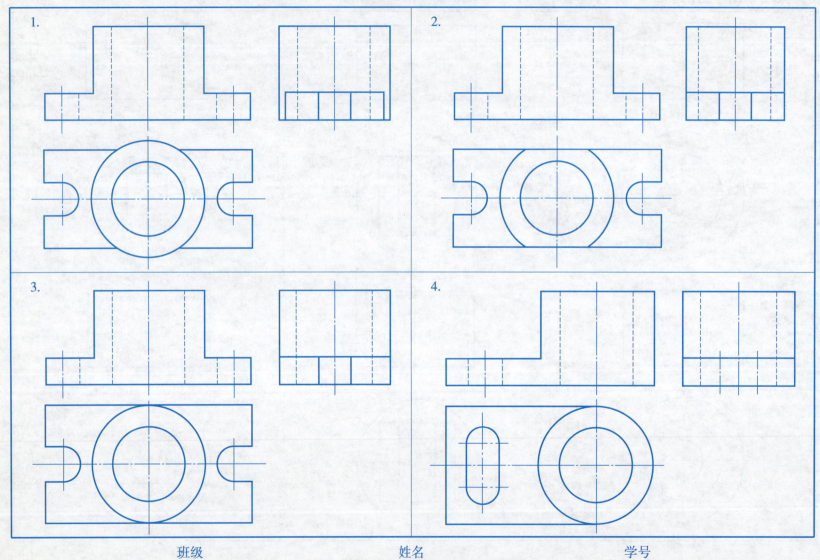

4-4 根据所给的视图，想出物体的形状，并补画视图中所缺的图线。

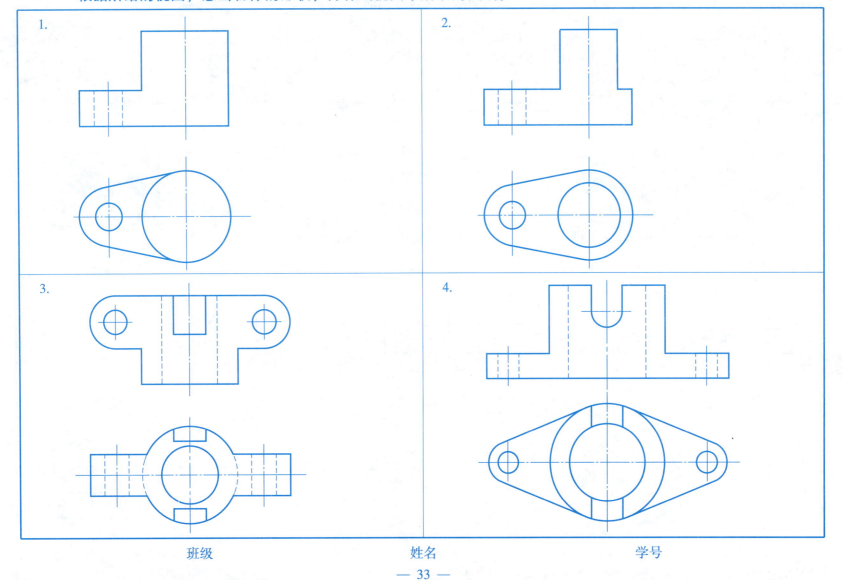

4-5 根据组合体的两视图，补画第三视图。

4-6 根据立体图对照三视图,分析物体的组合方式,补画出视图中所缺的图线(一)。

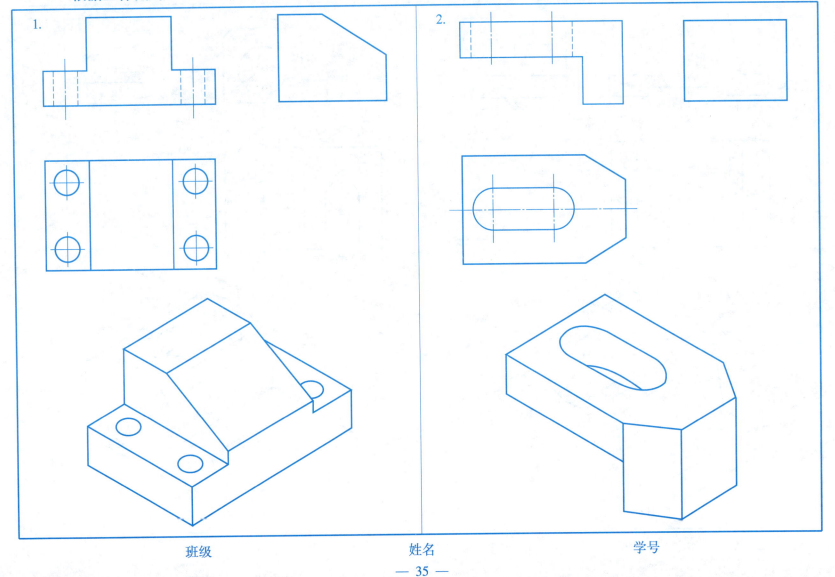

4-6 根据立体图对照三视图，分析物体的组合方式，补画出视图中所缺的图线（二）。

1.

2.

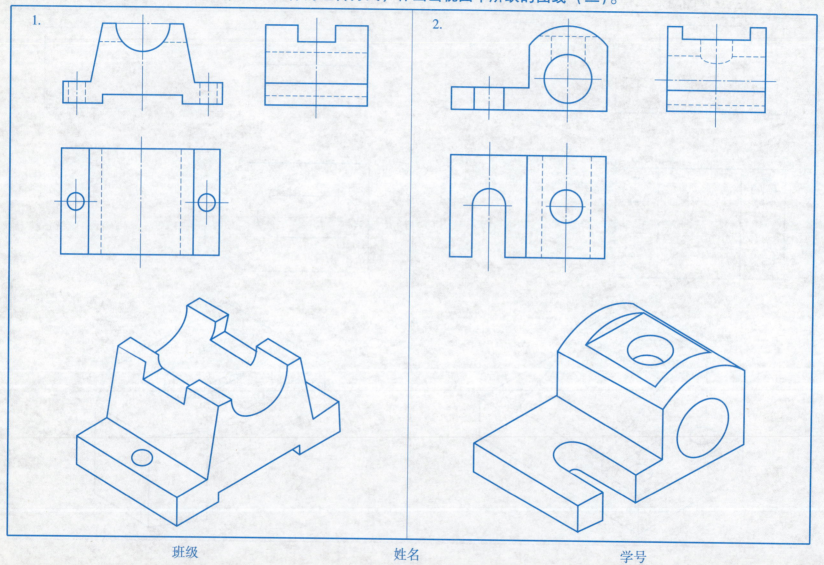

4-7 根据立体图绘制三视图（一）。（尺寸从立体图中 1∶1 量取整数）

1.

2.

3.

4.

4-7 根据立体图绘制三视图（二）。（尺寸从立体图中量取，图中圆孔均为通孔）

1.

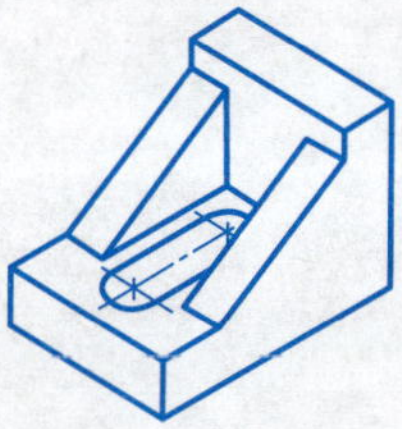

2.

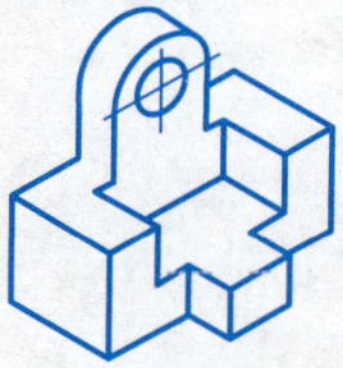

3.

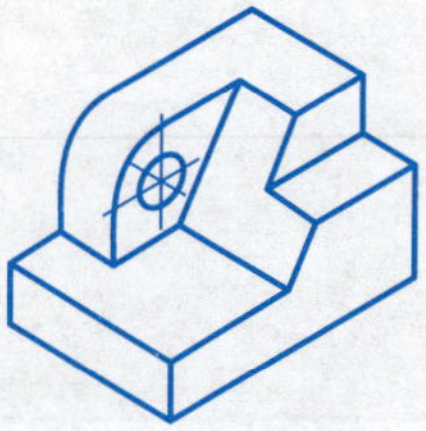

4.

班级　　　　　　　姓名　　　　　　　学号

4-7　根据立体图绘制三视图（三）。(尺寸从立体图中 1：1 量取，图中圆孔均为通孔)

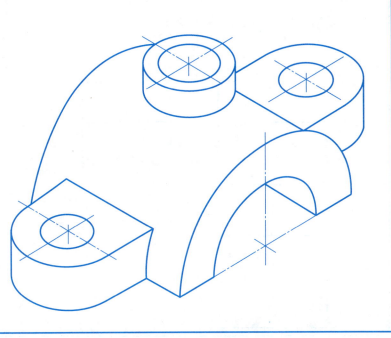

班级　　　　　姓名　　　　　学号

4-8 补画视图中所缺的图线（一）。

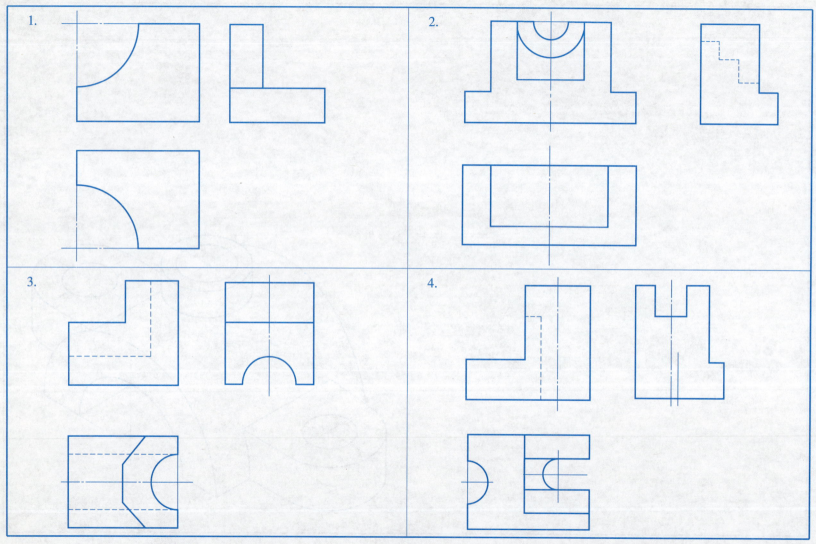

4-8 补画视图中所缺的图线（二）。

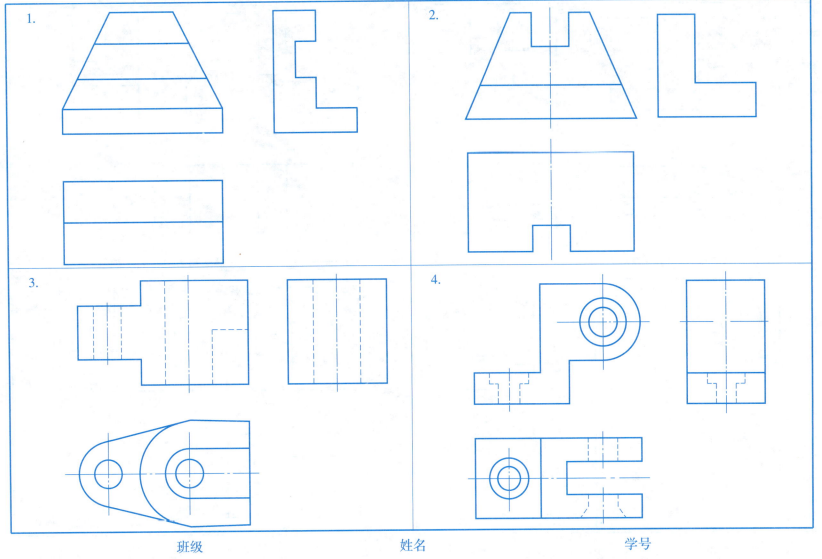

4-8 补画视图中所缺的图线（三）。

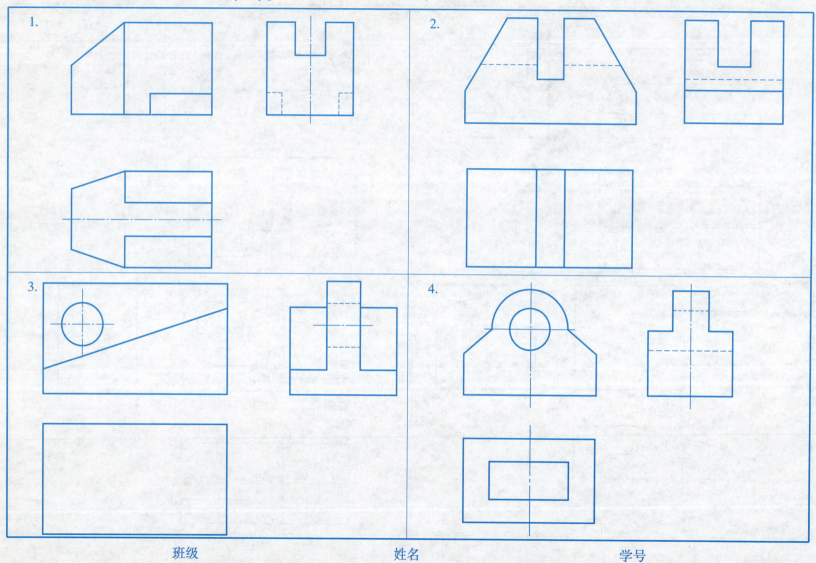

4-8 补画视图中所缺的图线（四）。

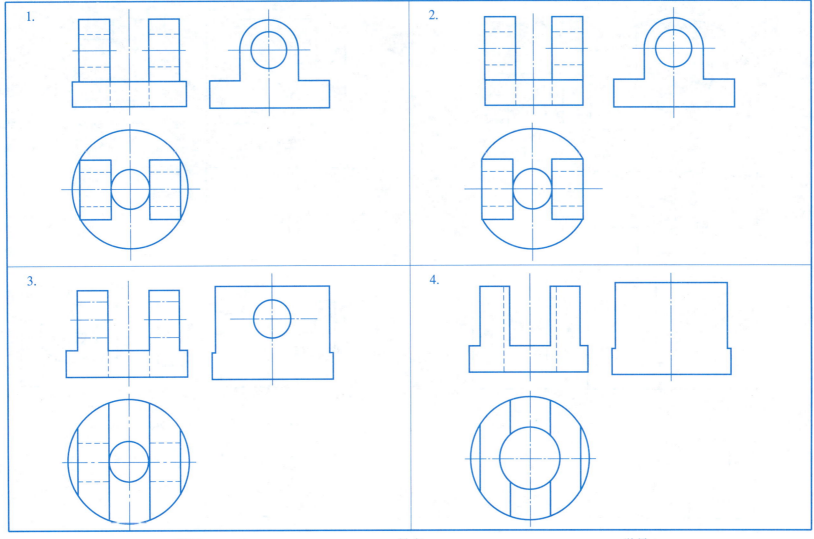

4-8 补画视图中所缺的图线（五）。

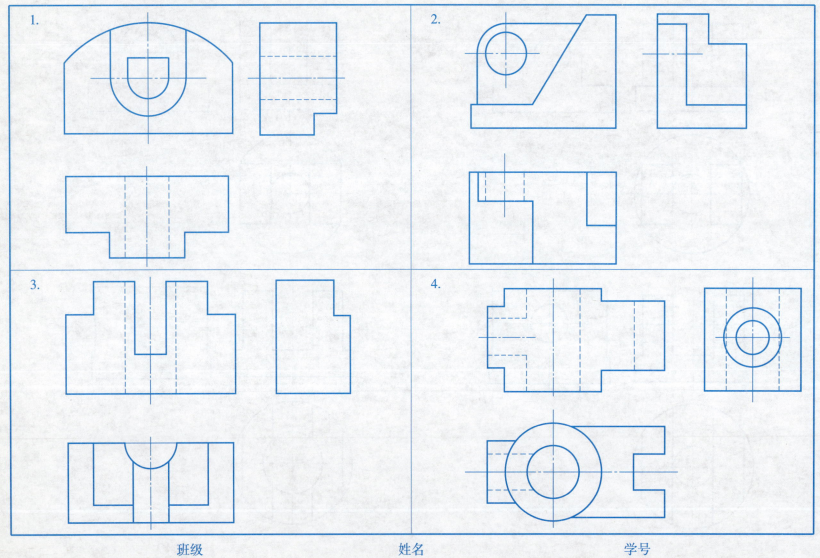

4-9 已知立体两视图，补画第三视图（一）。

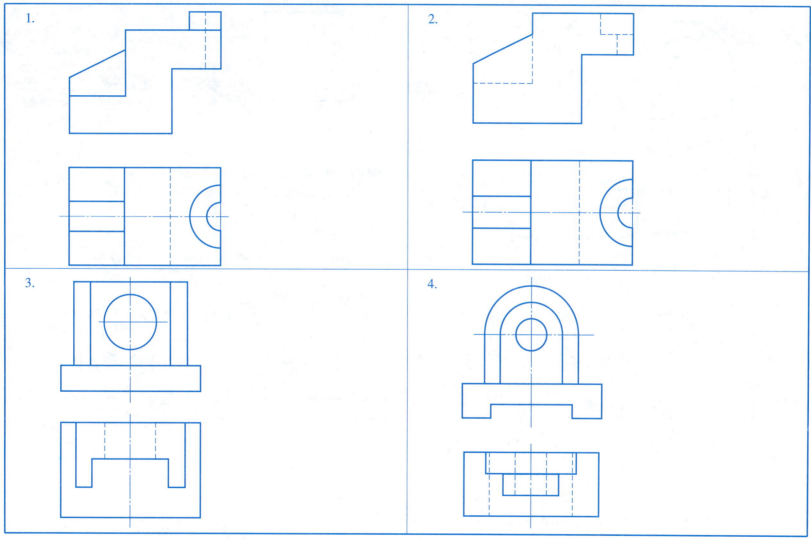

4-9 已知立体两视图，补画第三视图（二）。

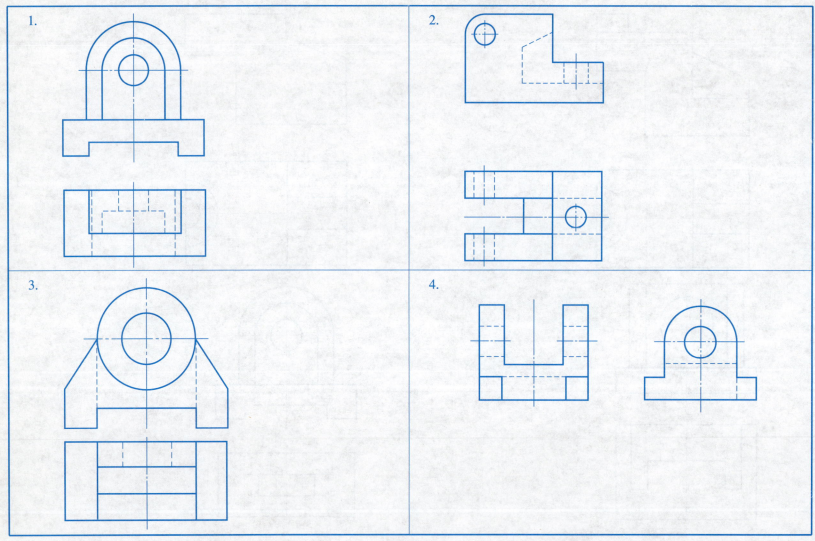

4-9 已知立体两视图,补画第三视图(三)。

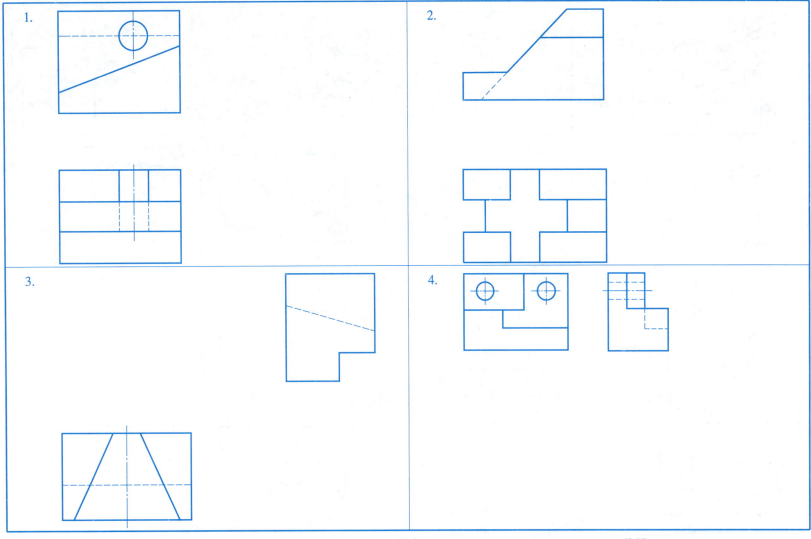

4-9 已知立体两视图,补画第三视图(四)。

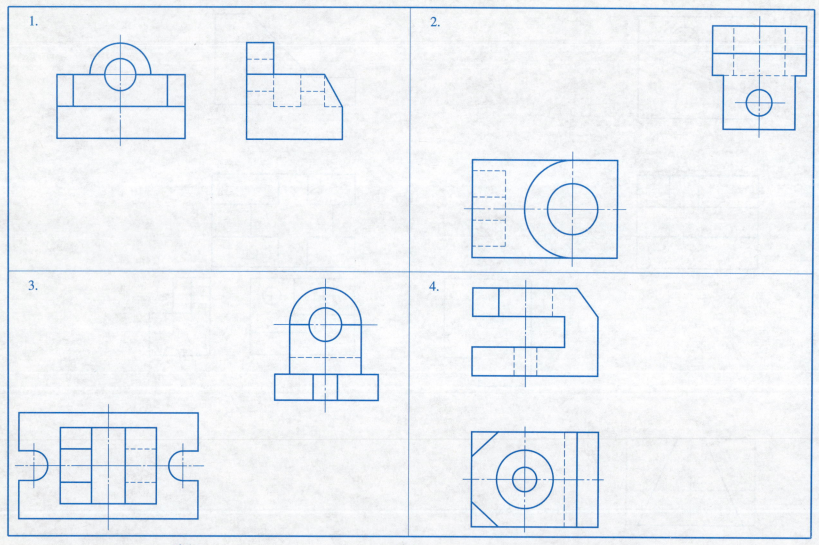

4-9 已知立体两视图，补画第三视图（五）。

1.

2.

3.

4.

班级　　　　　　　　　姓名　　　　　　　　　学号

4-9 已知立体两视图，补画第三视图（六）。

1.

2.

3.

4.

4-9 已知立体两视图，补画第三视图（七）。

1.
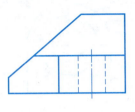
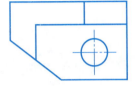

2.
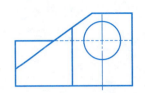
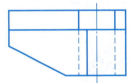

3.
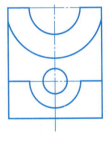
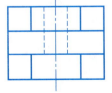

4.
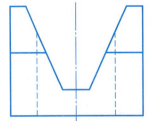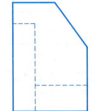

班级　　　　　姓名　　　　　学号

4-9 已知立体两视图，补画第三视图（八）。

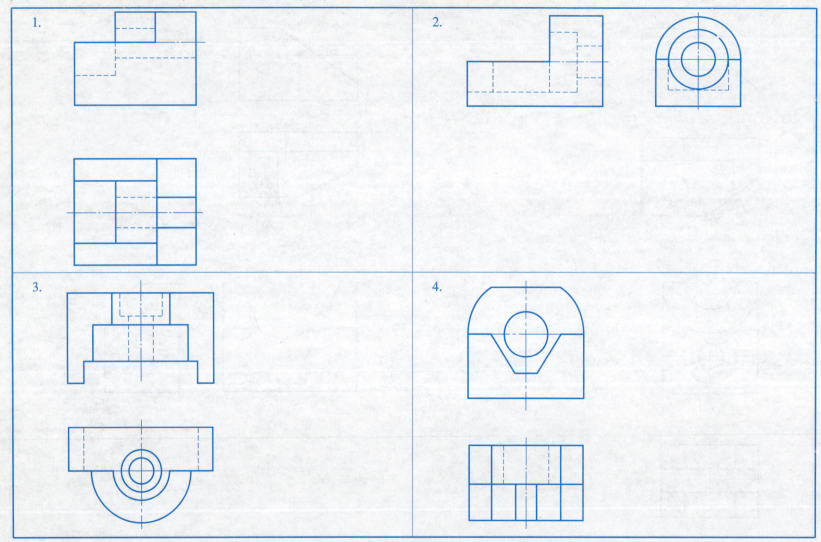

4-9 已知立体两视图，补画第三视图（九）。

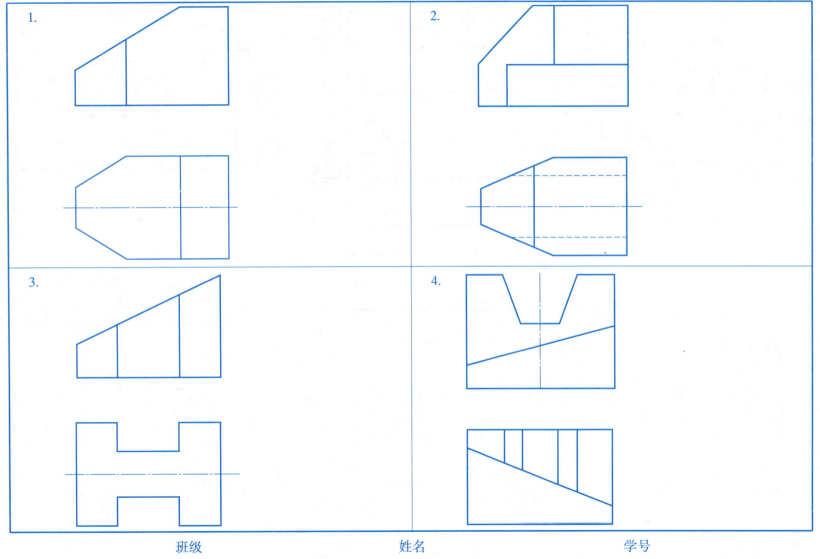

4-10 指出图中尺寸标注上的错误，给出正确的尺寸标注。

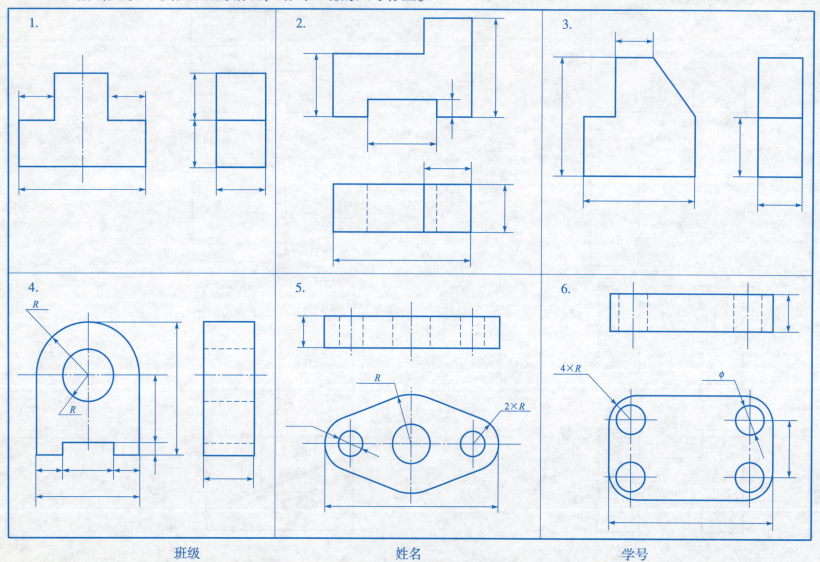

4−11 尺寸标注（一）（尺寸从图中 1：1 量取整数）。

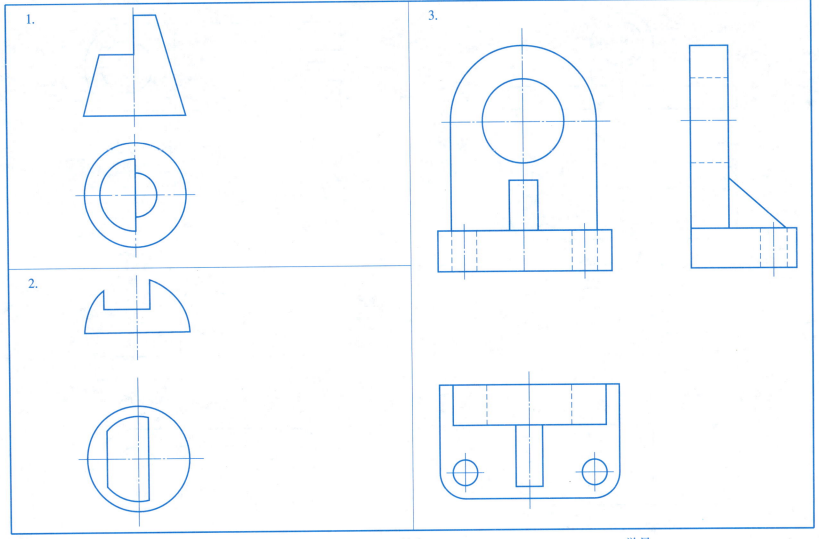

4-11 尺寸标注（二）（尺寸从图中 1：1 量取整数）。

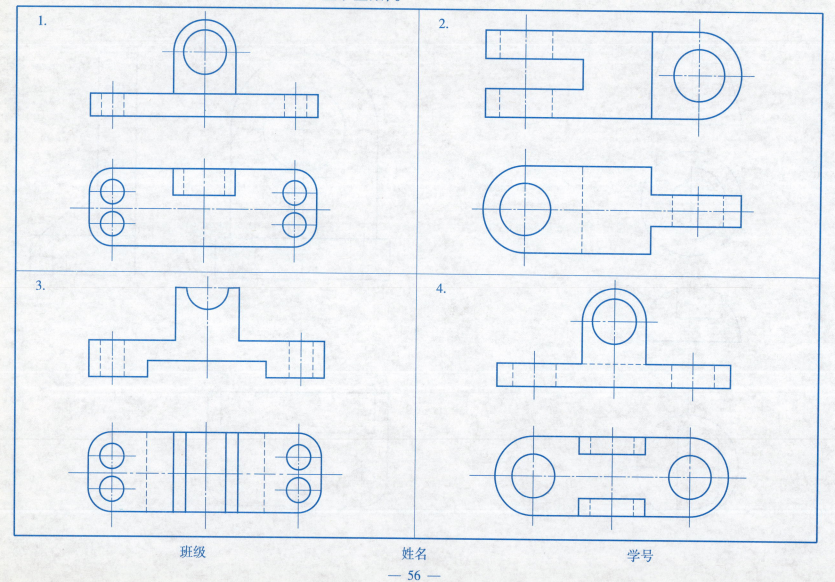

4-12 绘图大作业：根据立体图画组合体的三视图，并标注尺寸。

作业指导

1. 作业目的
（1）初步掌握由立体图画组合体三视图的方法，提高画图技能。
（2）练习组合体的尺寸标注。
2. 内容与要求
（1）根据立体图画三视图，并标注尺寸。
（2）自己确定图纸及绘图比例。
3. 作图步骤
（1）运用形体分析法分析立体的结构。
（2）确定主视图的投射方向。
（3）布置视图位置，画底稿。
（4）检查底稿，修正错误。
（5）用形体分析法标注尺寸，填写标题栏。
（6）描深粗实线。
4. 注意事项
（1）布置视图时要注意留有标注尺寸的位置。
（2）要按步骤进行标注三类尺寸，布置要清晰。
（3）用标准字体标注尺寸数字、填写标题栏。

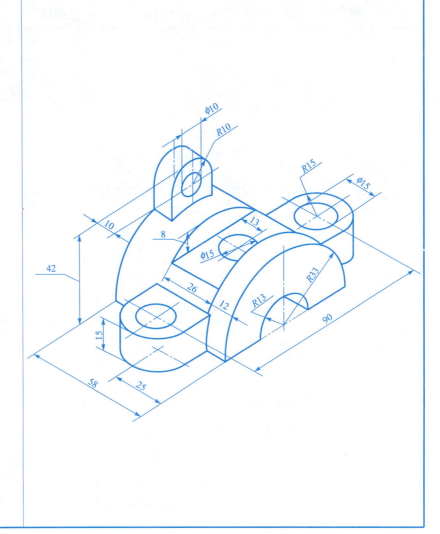

班级　　　　　姓名　　　　　学号

模块五 机件的表达方法

5-1 根据主、俯、左三视图,补画右、后、仰三视图。

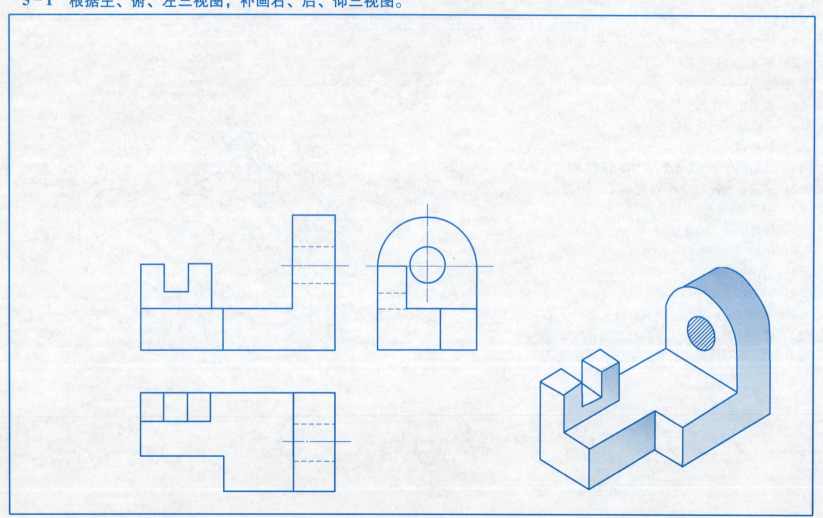

5-2 局部视图、斜视图练习（一）。

1. 根据机件的主、俯视图，在指定位置画出机件的 B 向局部视图及 C 向局部视图。

2. 根据机件的主视图和轴测图，补画其局部视图和斜视图（缺少的尺寸按 1∶1 从轴测图上量取）。

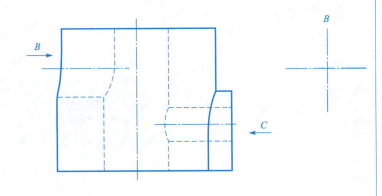

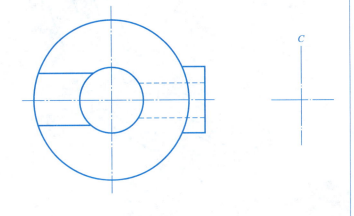

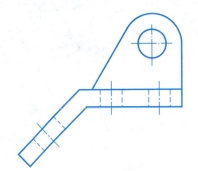

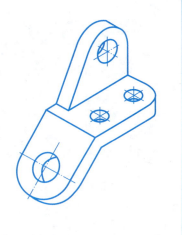

班级　　　　　姓名　　　　　学号

5-2　局部视图、斜视图练习（二）。

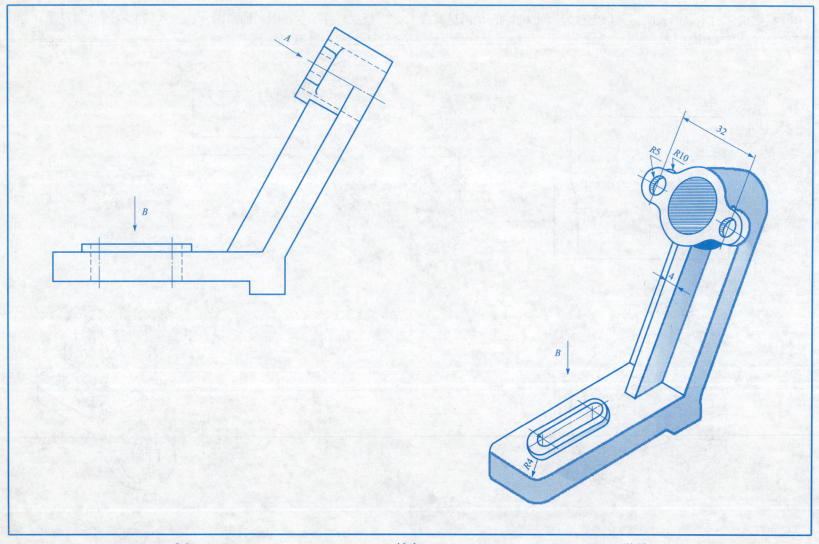

5-3 已知立体的主视图和俯视图，它的四个左视图画得正确的是（　　）。

1.

2.

5-4 补画剖视图中所缺的图线（一）。

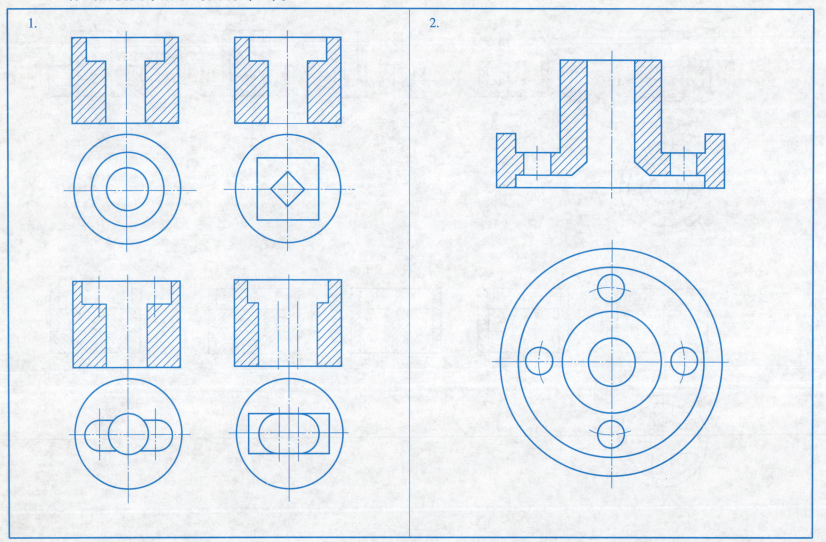

5-4 补画剖视图中所缺的图线（二）。

1.

2.

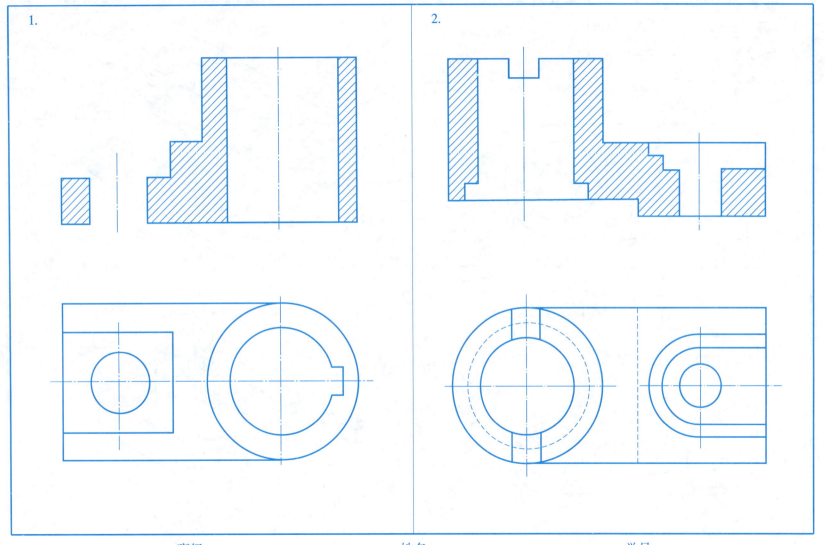

5-5 将主视图画成全剖视图（一）。

1.

2.

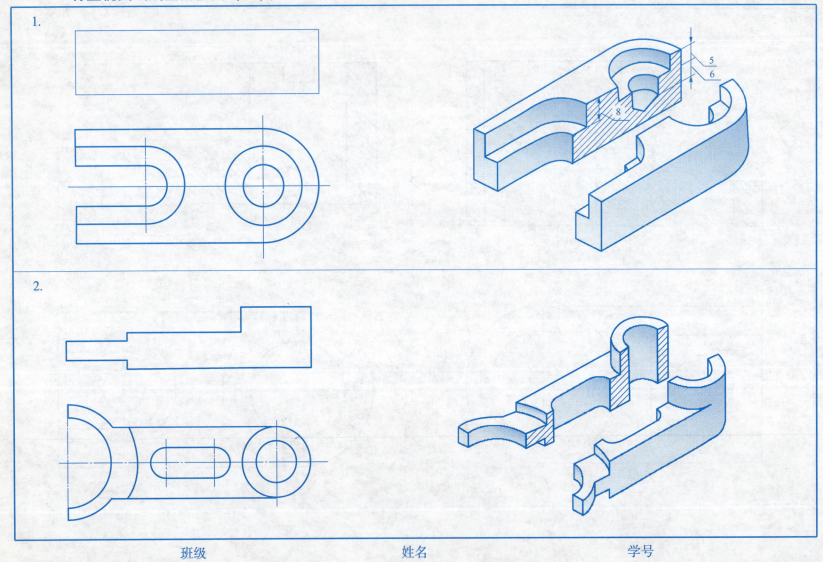

班级　　　　　　姓名　　　　　　学号

5-5 将主视图画成全剖视图（二）。

1.

2.

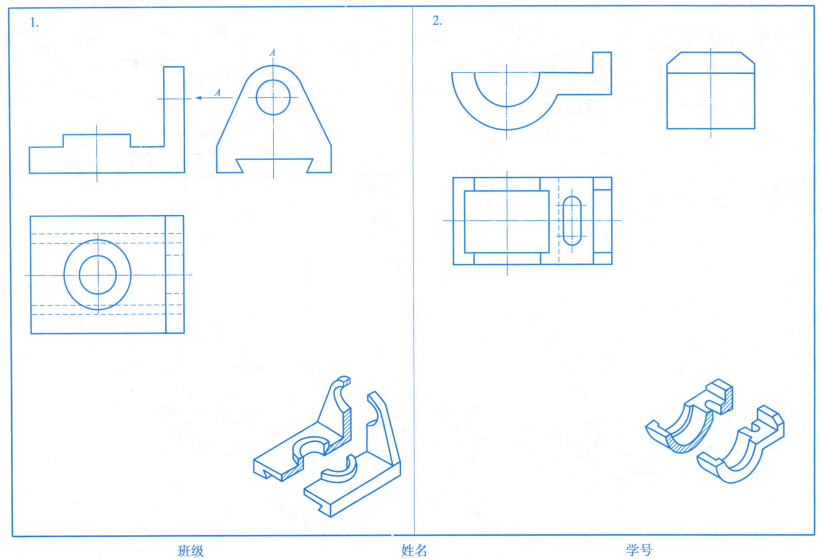

班级　　　　　　　姓名　　　　　　　学号

5-6 将主视图画成半剖视图。

1.
2.

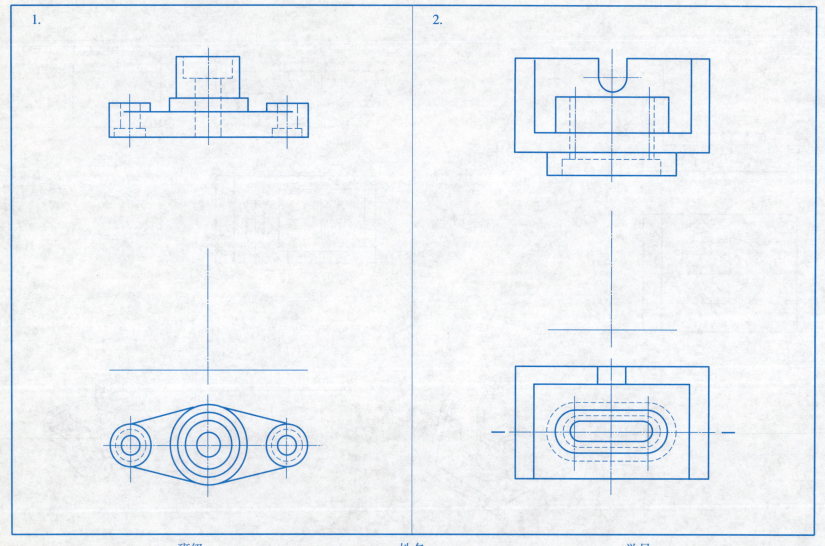

班级　　　　姓名　　　　学号

5-7 将俯视图画成半剖视图。

1.

2.

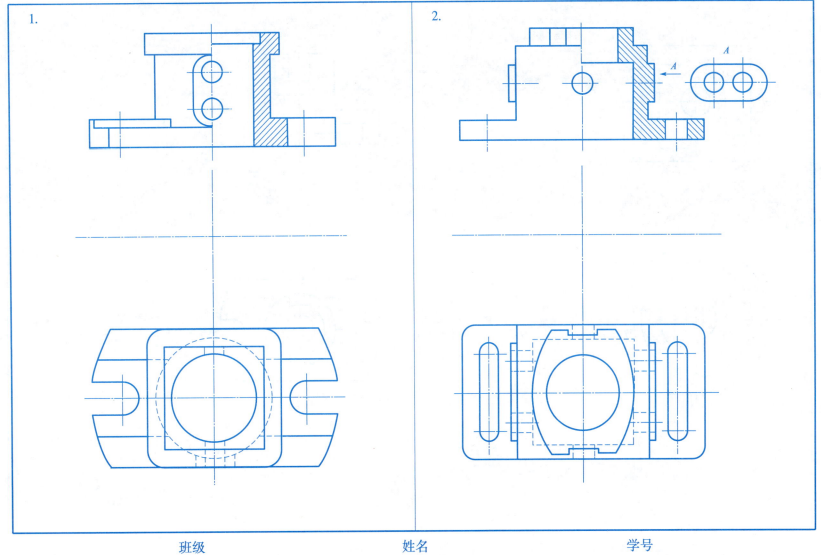

5-8 根据形体的两视图，补画其全剖的左视图。

1.

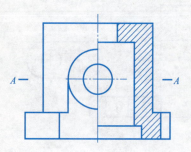

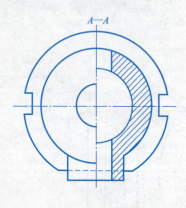

2.

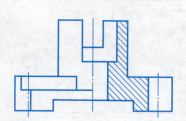

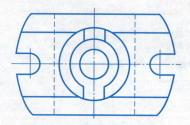

5-9 根据图1所给的主、俯视图,判断图2、3、4的表达是否正确。

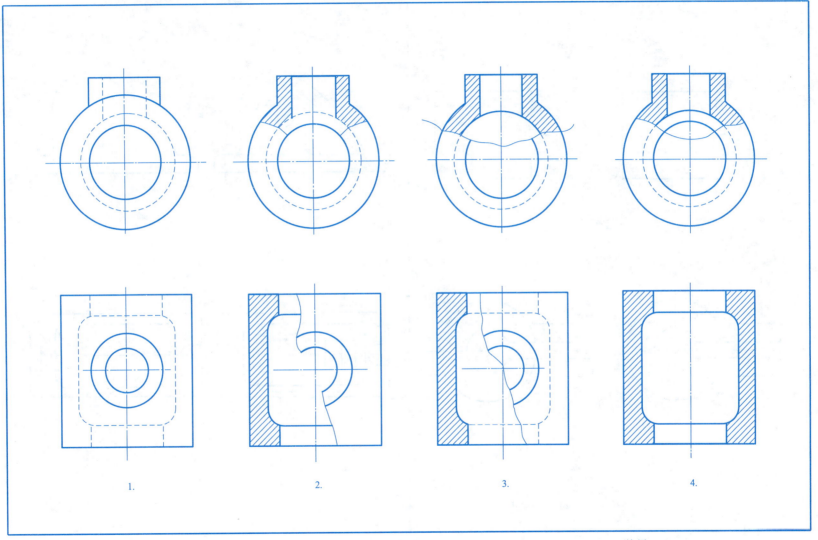

1. 2. 3. 4.

5-10 将视图改画成局部剖视图。

1.

2.

5-11 用几个平行剖切平面剖切的方法将主视图改为合适的剖视图（一）。

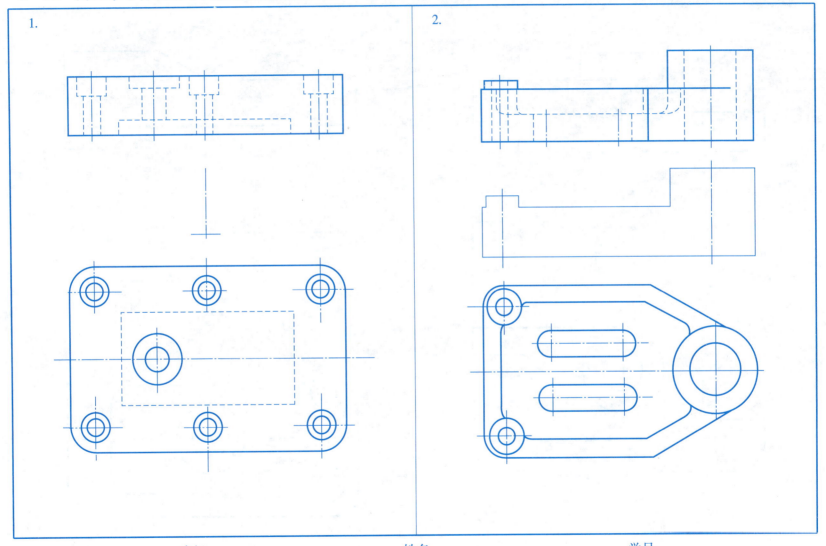

5-11 用几个平行平面剖切的方法将主视图改为剖视图（二）。

1. 2.

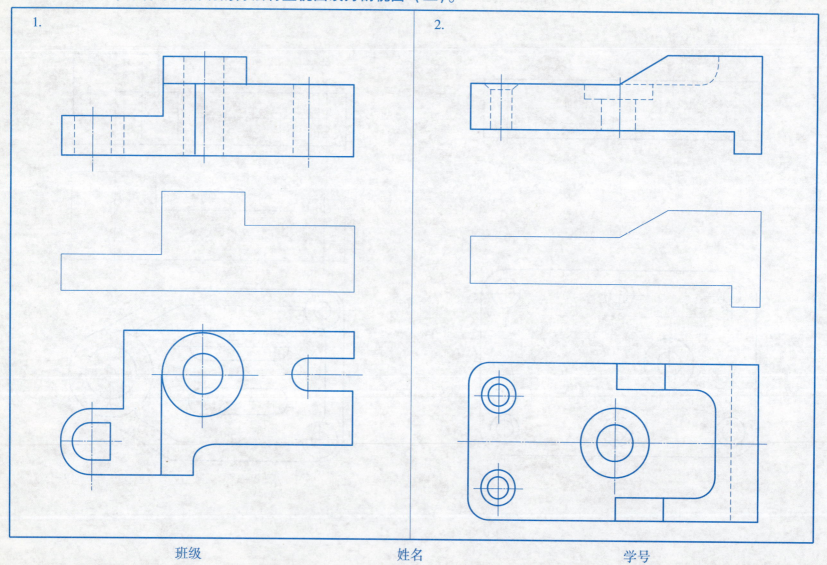

5-12 用几个相交平面剖切的方法将主视图改为剖视图。

1.

2.

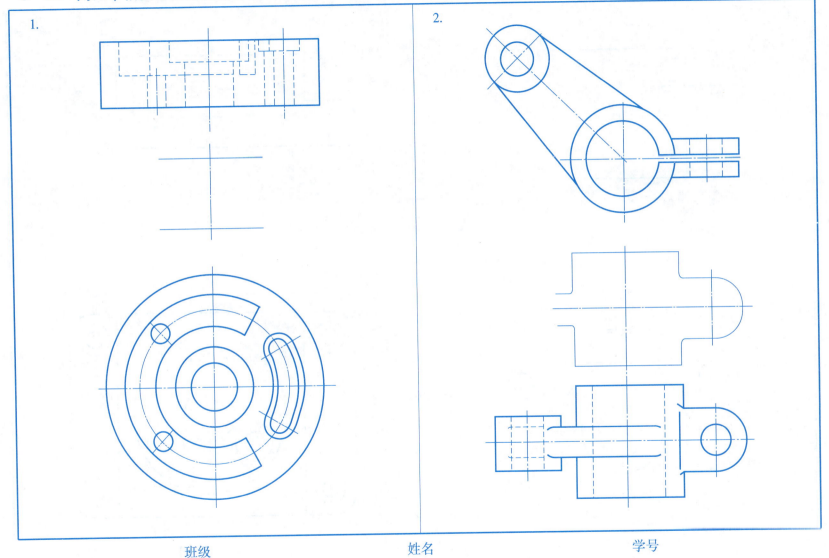

5-13 在指定位置，将主视图画成全剖视图。

1.

2.

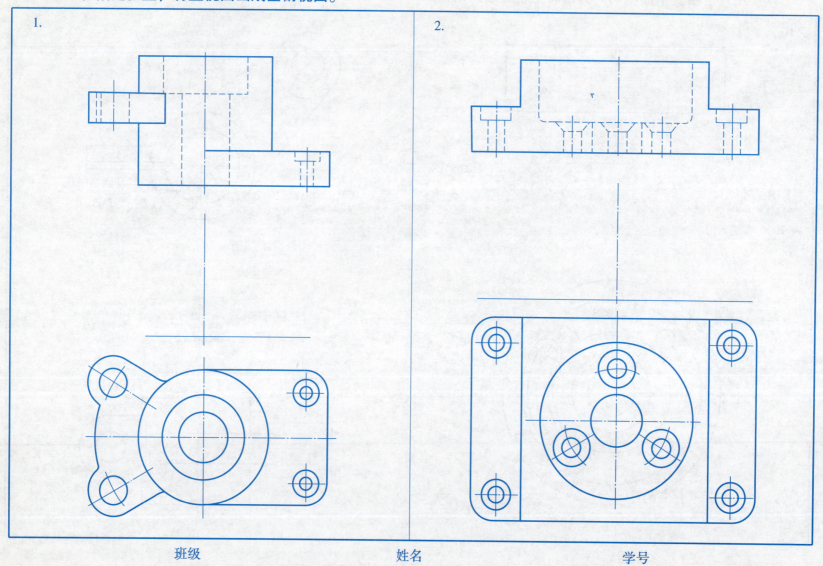

班级　　　　　姓名　　　　　学号

5-14 在指定位置画出 A—A、B—B 全剖视图。

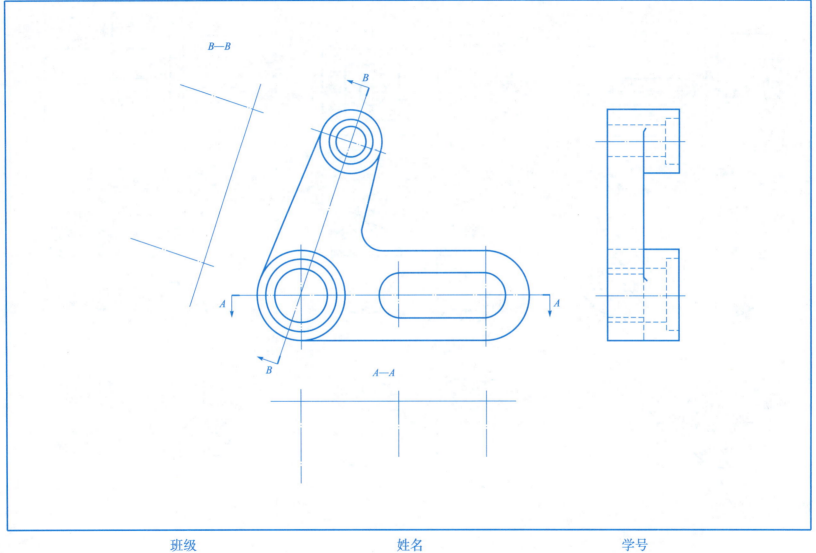

5-15 选择题（一）。

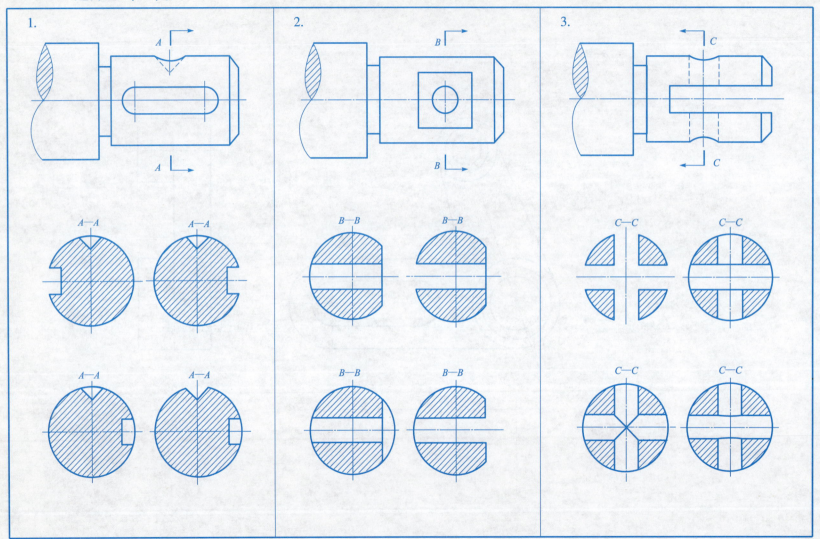

5-15 选择题（二）。

1. 下列四组重合断面图中，哪一组是正确的（　　）。

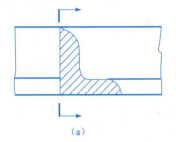
(a)

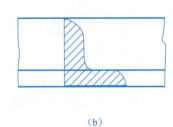
(b)

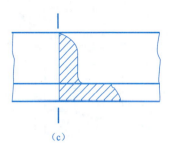
(c)

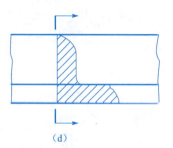
(d)

2. 四种不同的 A—A 移出断面图，（　　）是正确的。

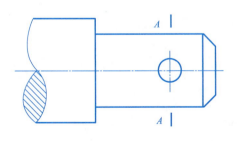

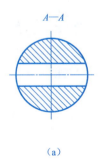
(a)

(b)

(c)

(d)

（1）(a)(d) 正确　　（2）(a)(c) 正确　　（3）只有 (b) 正确　　（4）只有 (b) 不正确

5-16 在指定位置画出断面图（左键槽深4，右键槽深3）。

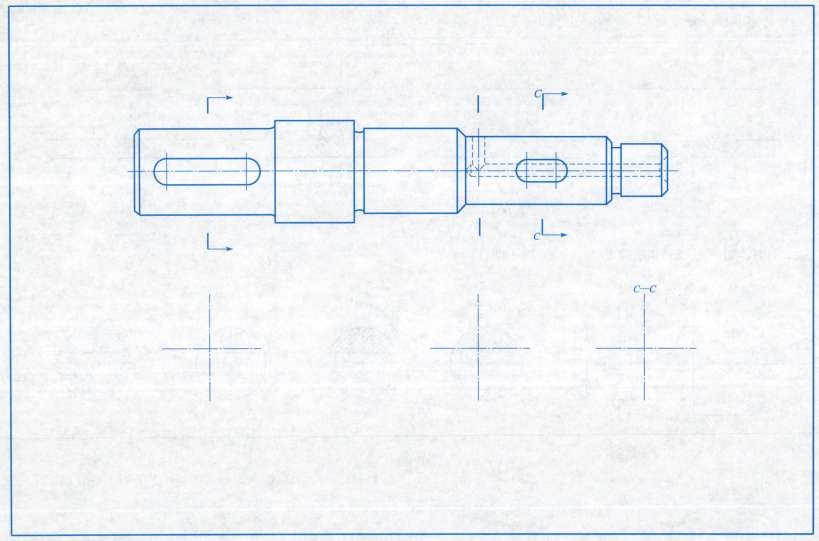

5-17 已知剖切面位置，作移出断面图。

1.

2.

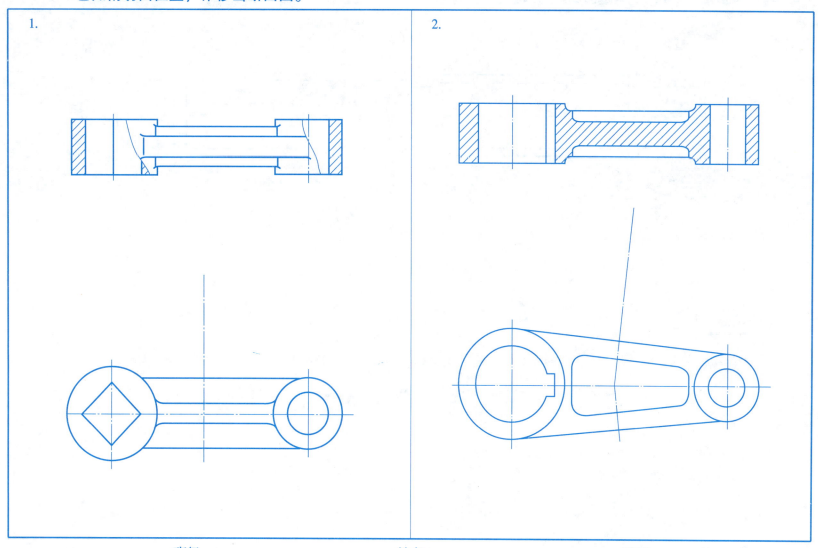

5-18 将指定部位按 2∶1 比例放大画出。

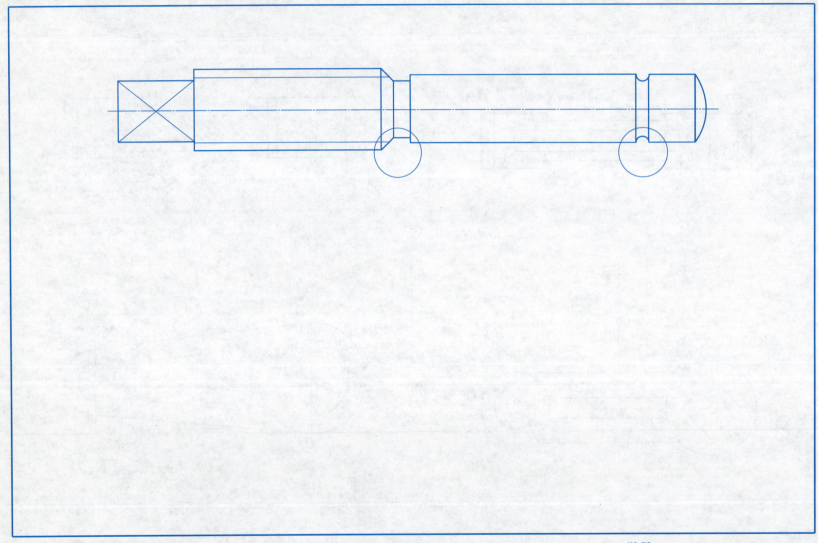

班级　　　　　　姓名　　　　　　学号

5-19 选择题。

已知立体的主视图和俯视图,下列三种全剖的主视图,正确的是(　　)。

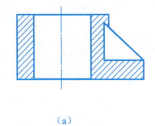
(a)
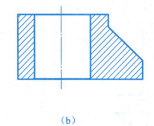
(b)
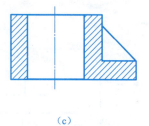
(c)

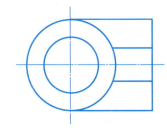

5-20 将机件的主视图改画成全剖视图。

1.

2.

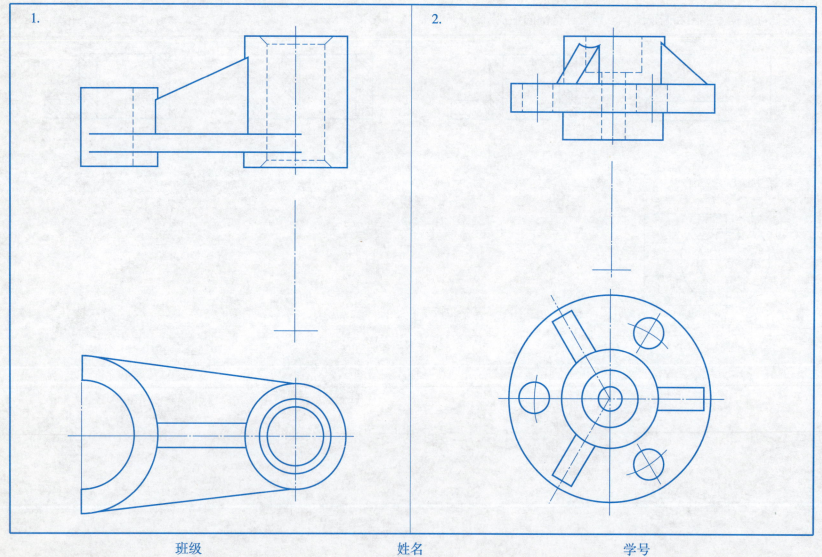

班级　　　　　　姓名　　　　　　学号

5-21 机件的表达方法大作业（一）：根据立体的轴测图选择合适的方法表达机件并标注尺寸。

作业指导

1. 作业目的：
(1) 熟悉和掌握综合选用视图、剖视图、断面图等各种表达方法来表达机件；
(2) 进一步练习较复杂形体的尺寸标注方法。

2. 内容与要求：
(1) 根据机件的轴测图或给定的视图，选择合适的表达方案将机件表达清楚，运用形体分析法注尺寸；
(2) 用 A3 图纸，比例自定。

3. 注意事项：
(1) 视图、剖视图、断面图等选用恰当，且简明清晰；
(2) 图形准确，符合投影关系，各种画法正确；
(3) 尺寸标注完整、清晰，且基本合理；
(4) 首先考虑主视图，然后考虑俯、左视图是否需要，最后考虑还需要增添哪些基本视图和辅助视图；
(5) 选择每个视图的剖视图时，应将各个视图配合起来整体考虑；
(6) 选择视图和标注尺寸时，一定要用形体分析法，以保证各部分形状都表达清楚和尺寸标注的完整。

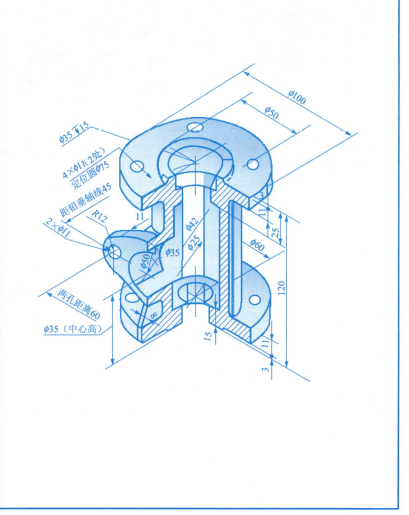

班级　　　　　姓名　　　　　学号

5−21 机件的表达方法大作业（二）：对照三视图，采用合适的方法表达机件并标注尺寸（用 A3 图纸，按 1∶1 绘制）。

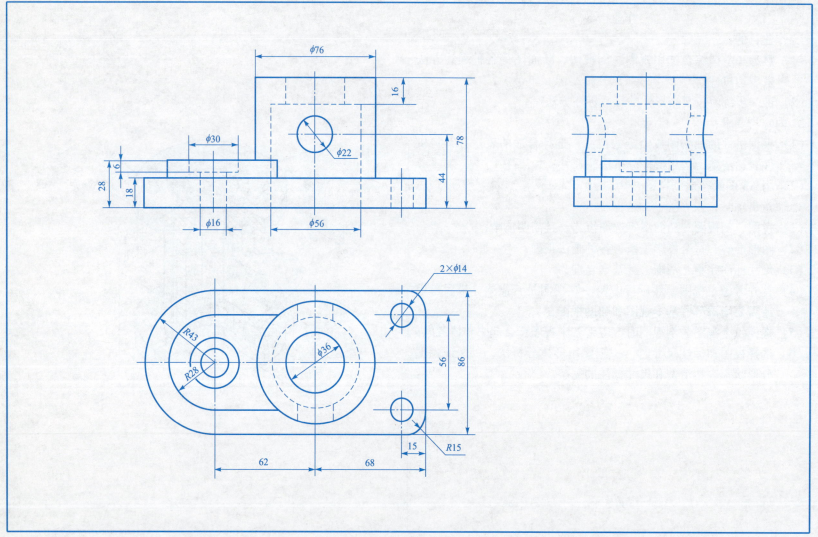

模块六 标准件与常用件

6-1 选择题（一）。

下列四个图中，正确的说法是（　　）。

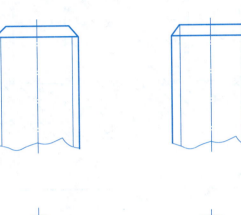
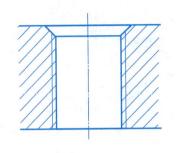
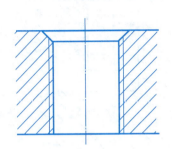

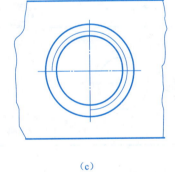
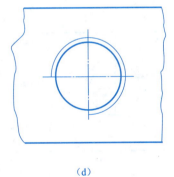

　(a)　　　　　　(b)　　　　　　(c)　　　　　　(d)

(1) (a)、(b) 正确；(2) (b)、(d) 正确；(3) (a)、(c) 正确；(4) 只有 (d) 正确。

6-1 选择题（二）。

关于螺纹的画法，正确的说法是（   ）。

(a)　　　　(b)　　　　(c)　　　　(d)

(1) (a)、(b) 正确；(2) (b)、(d) 正确；(3) (a) 正确；(4) (c) 正确。

6-1 选择题（三）。

1. 关于螺杆与螺孔旋合的画法，哪一种判断是正确?（　　）

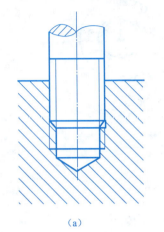
(a)

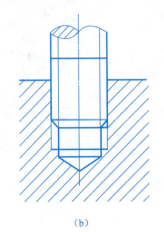
(b)

（1）两个图都正确；
（2）两个图都错；
（3）(a) 正确 (b) 错；
（4）(a) 错 (b) 正确。

2. 关于螺孔与圆孔相贯的画法，正确的是（　　）。

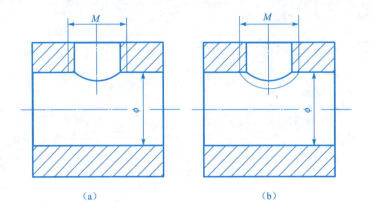

（1）两个图都正确；
（2）两个图都错；
（3）(a) 正确 (b) 错；
（4）(a) 错 (b) 正确。

班级　　　　姓名　　　　学号

6-2 改正下列螺纹和螺纹连接画法上的错误,将正确的画在下方。

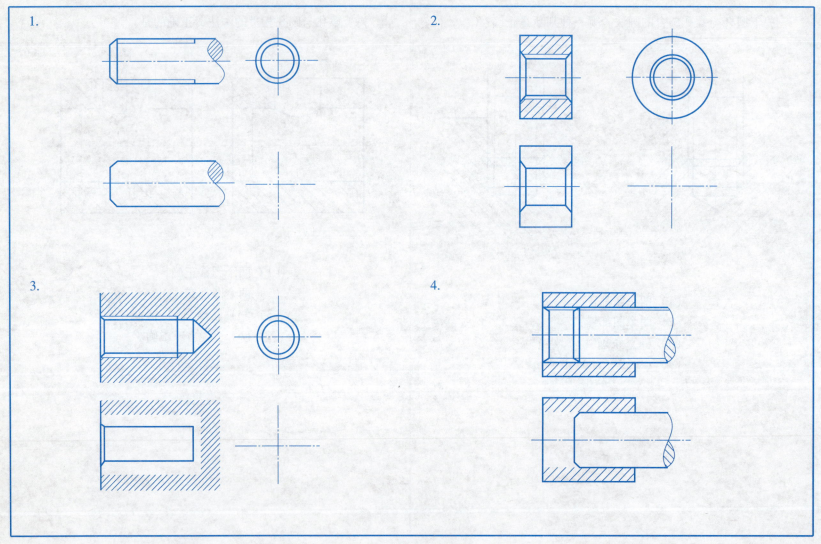

6-3 标注螺纹的代号。

1. 粗牙普通螺纹，公称直径20，螺距2.5，右旋，中、顶径公差带代号6g，旋入长度代号为L。

3. 梯形螺纹，公称直径32，导程12，线数2，左旋。

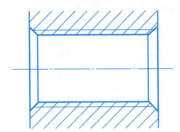

2. 细牙普通螺纹，$D=20$，$P=1.5$，左旋，中、顶径公差带代号6H，旋合长度代号为N。

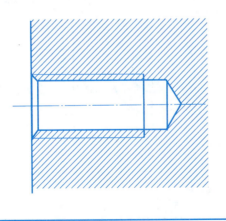

4. 圆柱管螺纹，尺寸代号3/4″。

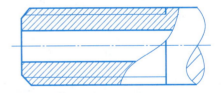

班级　　　　　　　姓名　　　　　　　学号

6-4 查表填写下列标准件的尺寸数值，并写出其规定标记。

1. 双头螺柱，GB/T 897—1988，螺纹规格 d = M16，公称长度 l = 45。

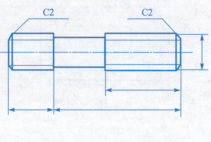

标记 _____

2. 六角螺母，B 级，GB/T 6170—2000，螺纹规格 d = M20。

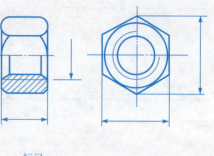

标记 _____

3. 六角螺栓，A 级，GB/T 5782—2000，螺纹规格 d = M12。

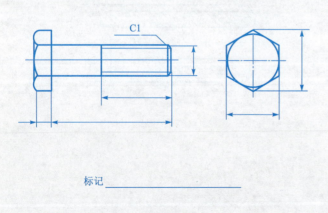

标记 _____

4. 垫圈 A 级，GB/T 97.1—2002，公称尺寸为 12。

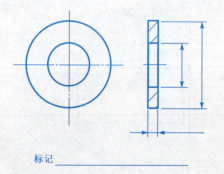

标记 _____

班级   姓名   学号

6−5 在 A3 图纸上，画出螺栓连接、双头螺柱连接、螺钉连接的装配图（采用比例画法）。

1.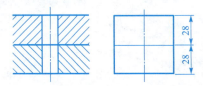

2.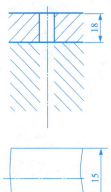

3.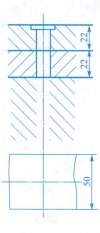

已知：
螺栓 GB 5782—2000　M16×1
螺母 GB 6170—2000　M16
垫圈 GB 97.2—2002　16　140HV

已知：
螺柱 GB 898—1988　M16×1
螺母 GB 6170—2000　M16
垫圈 GB 93—1987　16

已知：
螺钉 GB/T 65—2000　M16×70

班级　　　　　　　　　　姓名　　　　　　　　　　学号

6-6 键连接。

已知齿轮和轴用 A 型普通平键连接，轴孔直径为 40 mm，键的长度为 40 mm。（1）写出键的规定标记；（2）查表确定键和键槽的尺寸，用 1:2 的比例画全下列各视图和断面图，并标注键槽的尺寸。

键的规定标记＿＿＿＿＿＿＿＿＿＿。

1. 轴　　　　　　2. 齿轮

3. 齿轮和轴间的键连接。

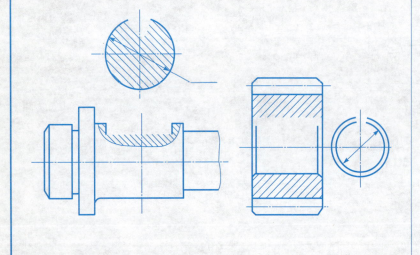
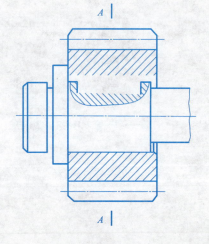

6-7 已知齿轮和轴用 B 型圆柱销连接，销的长度为 40 mm，1. 写出销的规定标记；2. 查表确定销的尺寸；3. 用 1∶1 的比例补全齿轮与轴的装配图，并标出销孔的尺寸。

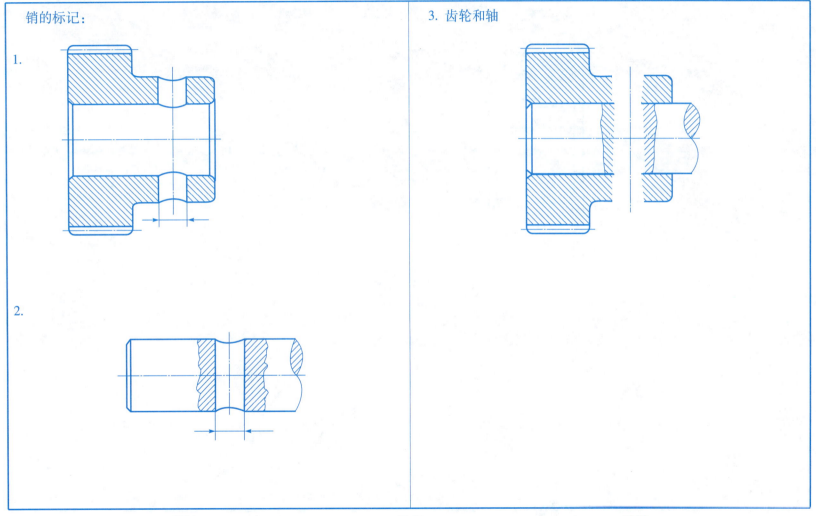

6-8 已知直齿圆柱齿轮的 $m=2.5$，$z=24$，$\alpha=20°$ 以及轴孔的尺寸，试完成齿轮的两个视图并标注尺寸。

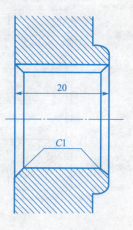

6-9 已知一对直齿圆柱齿轮啮合，模数 $m=2$，大齿轮的齿数 $Z_2=36$，试计算两齿轮的主要尺寸，并完成其啮合图。

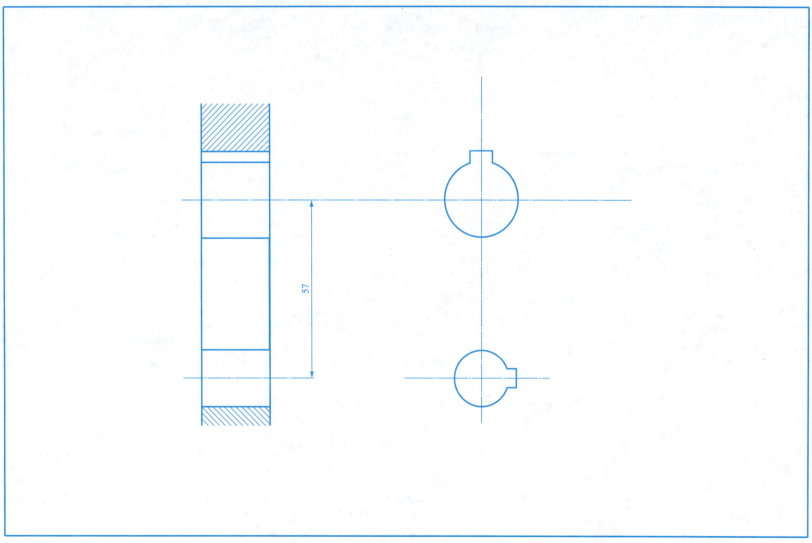

6-10 查表确定滚动轴承的尺寸,用规定画法在轴端画出轴承与轴的装配图。

1. 滚动轴承 6205 GB/T 276—1994

2. 滚动轴承 30306 GB/T 297—1994

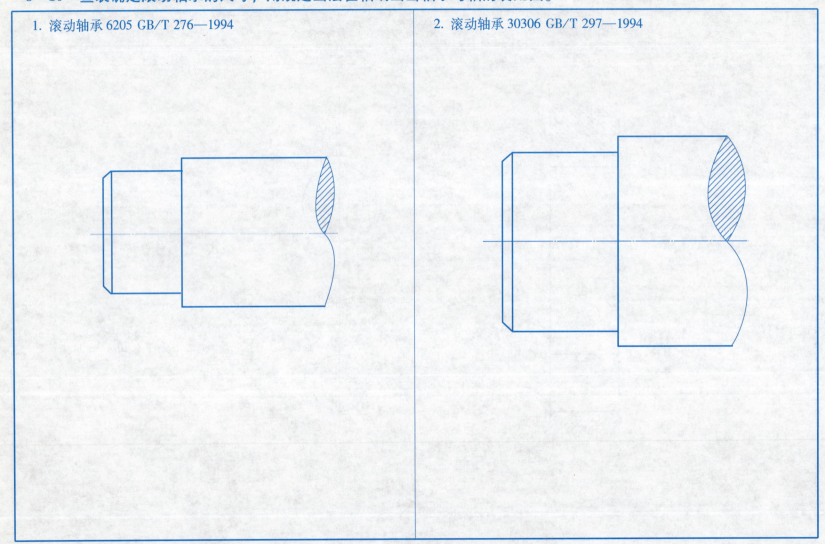

班级　　　　　　姓名　　　　　　学号

6-11 弹簧练习。

1. 已知圆柱螺旋压缩弹簧的簧丝直径为 5 mm，弹簧中径 40 mm，节距 10 mm，弹簧自由长度为 76 mm，支承圈数为 2.5，右旋。试画出弹簧的全剖视图，并标注尺寸。

2. 指出下图中哪一个是右旋弹簧，哪一个是左旋弹簧。

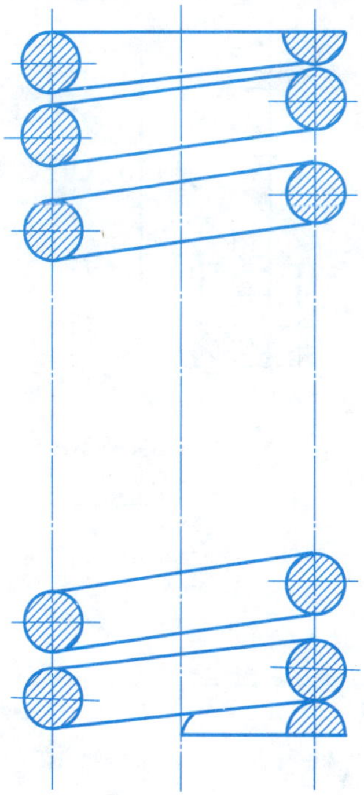

________旋弹簧

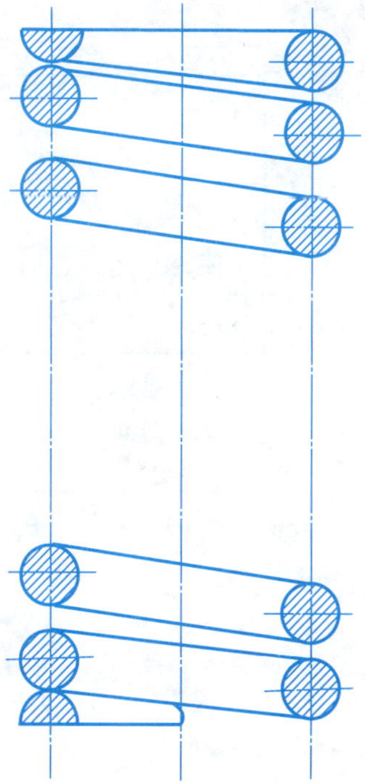

________旋弹簧

班级　　　　　　姓名　　　　　　学号

模块七 零件图

7-1 尺寸练习。

1. 指出零件长、宽、高三个方向的主要尺寸基准。

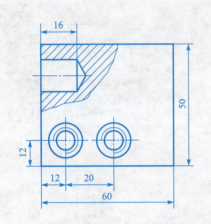 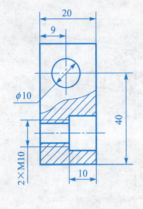

2. 分析两零件的结合尺寸 D，在两种方案中选择正确的。

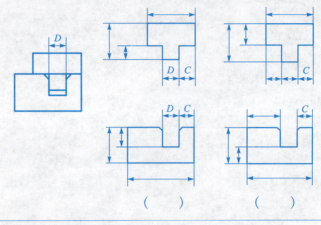

3. 分析下图中尺寸标注的错误。

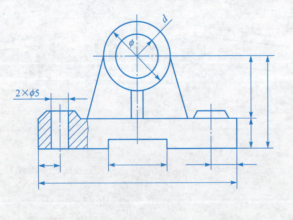

4. 分析图中尺寸标注的错误，并在下方作正确标注。

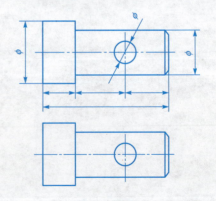

班级　　　　　　姓名　　　　　　学号

7-2 确定轴承盖的尺寸基准，并注出图中所缺的尺寸。

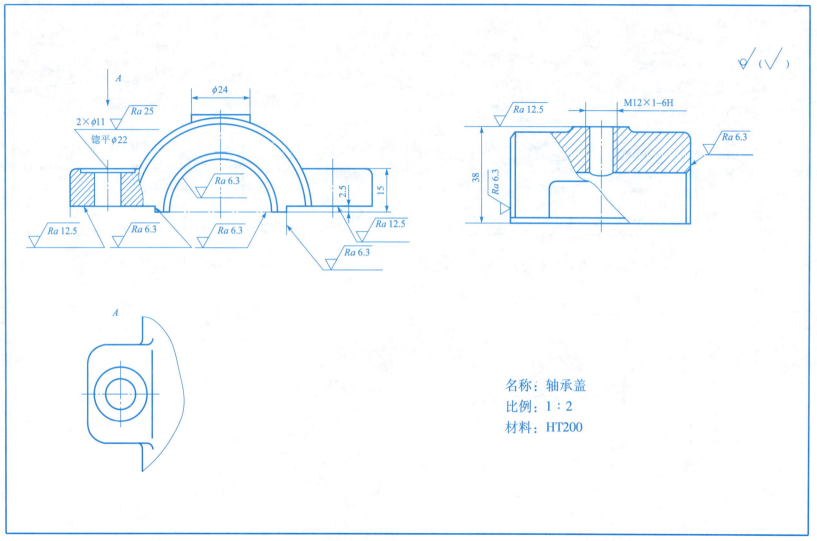

名称：轴承盖
比例：1:2
材料：HT200

7-3 确定轴承座的尺寸基准，并注出图中所缺的尺寸。

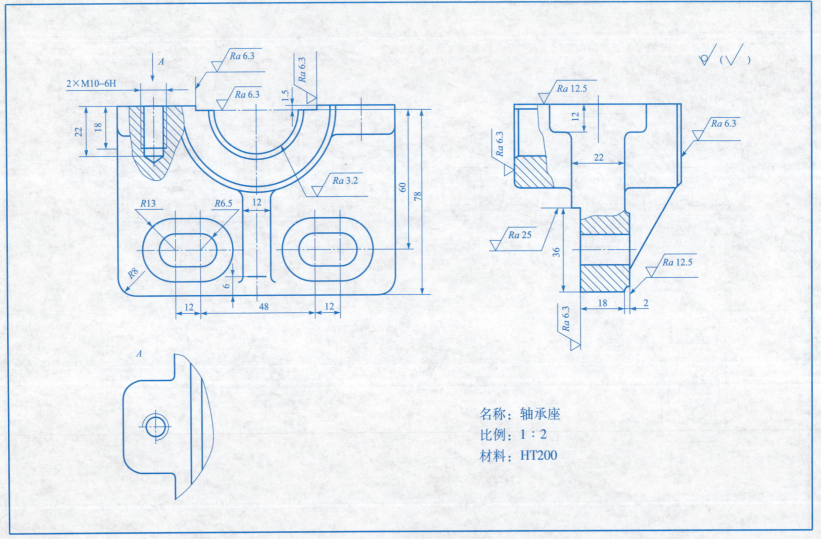

名称：轴承座
比例：1∶2
材料：HT200

7-4 表面粗糙度练习。

指出表面粗糙度标注中的错误,并将正确的标注注在右图中。

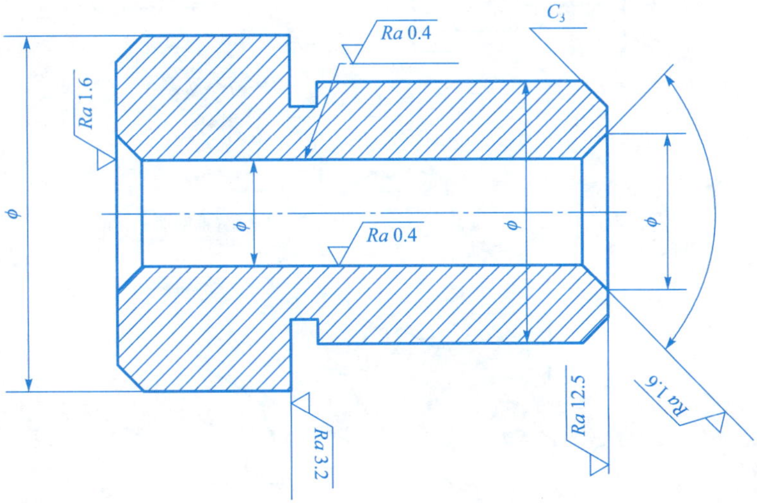

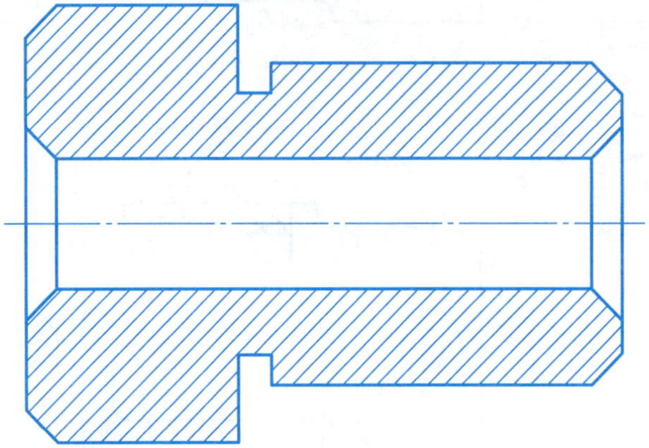

7-5 表面粗糙度练习。

将给定的表面粗糙度 Ra 值，标注在视图上。

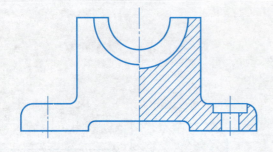
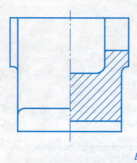
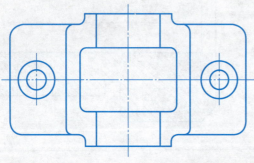
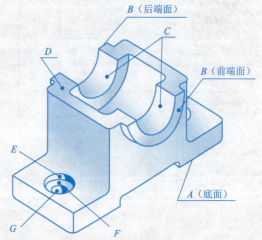
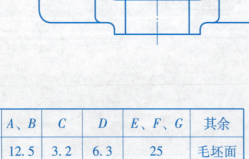

表面	A、B	C	D	E、F、G	其余
$Ra/\mu m$	12.5	3.2	6.3	25	毛坯面

班级　　　　姓名　　　　学号

7-6 解释配合代号的含义，查表得到偏差值后标注在零件图上。

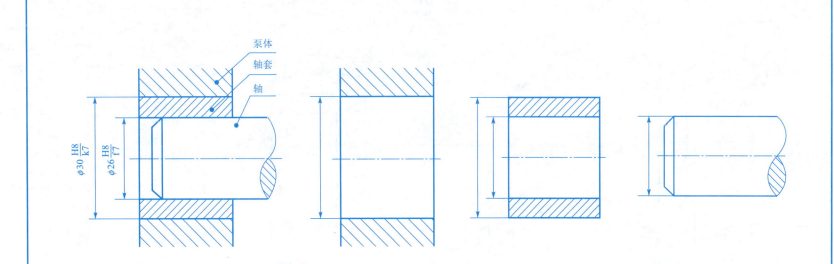

（1）轴套与泵体孔 $\phi 30 \dfrac{H8}{k7}$

公称尺寸_____，基_____制；
公差等级：轴 IT_____级，孔 IT_____级，_____配合；
轴套：上极限偏差_____，下极限偏差_____；
泵体孔：上极限偏差_____，下极限偏差_____。

（2）轴套与轴 $\phi 30 \dfrac{H8}{k7}$

公称尺寸_____，基_____制；
公差等级：轴 IT_____级，孔 IT_____级，_____配合；
轴套：上极限偏差_____，下极限偏差_____；
轴：上极限偏差_____，下极限偏差_____。

7-7 根据装配图中的配合代号，在零件图上分别标出孔和轴的尺寸及公差带代号，查出偏差数值并填空。

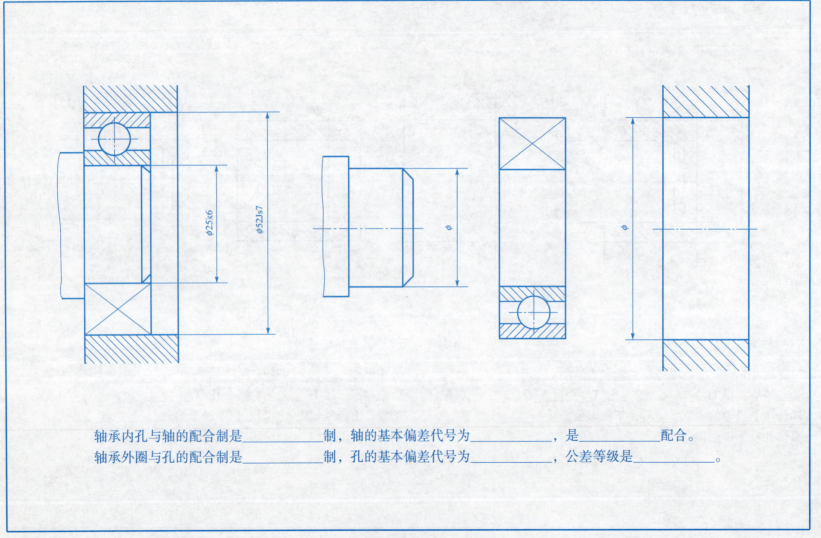

轴承内孔与轴的配合制是＿＿＿＿制，轴的基本偏差代号为＿＿＿＿，是＿＿＿＿配合。
轴承外圈与孔的配合制是＿＿＿＿制，孔的基本偏差代号为＿＿＿＿，公差等级是＿＿＿＿。

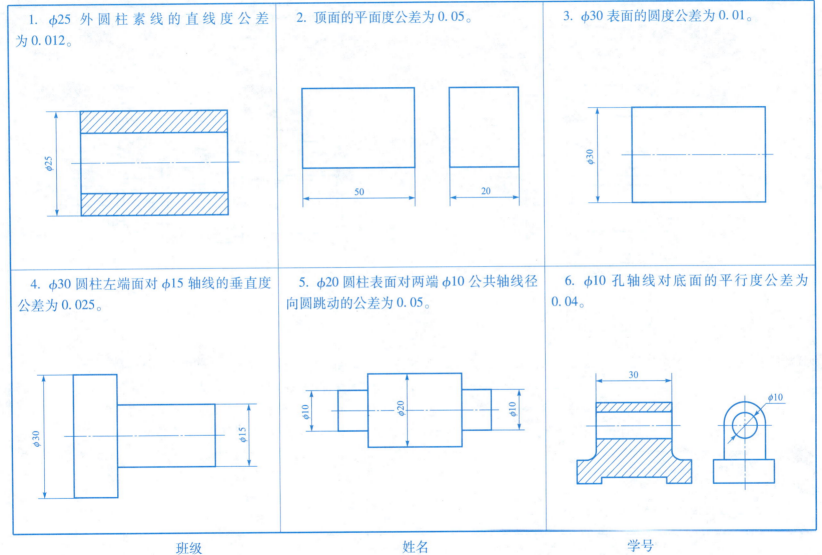

7-9 形状和位置公差练习。

1. 说明图中形位公差的含义。

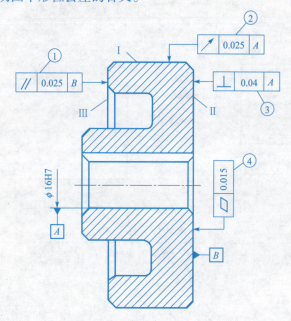

2. 将用文字说明的形位公差标注在图中。

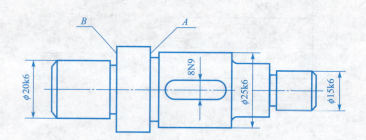

① _____

② _____

③ _____

④ _____

(1) φ25k6 对 φ20k6 和 φ15k6 的同轴度公差值 0.025；
(2) A 面对 φ25k6 轴线垂直度公差值 0.05；
(3) B 面对 φ20k6 轴线的端面圆跳动公差值 0.05；
(4) 键槽对 φ25k6 轴线的对称度公差值 0.01。

7-10 读零件图，回答问题（一）。

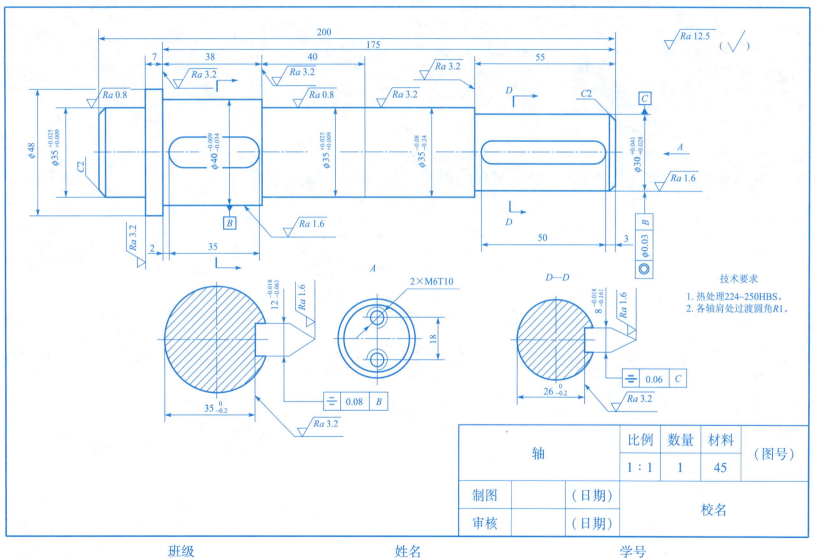

7-10 读零件图，回答问题（二）。

(1) 该零件的名称是_____，材料是_____，比例是_____。
(2) 该零件用_____个视图表示，各视图的名称是_____。
(3) 该零件上两个键槽的宽度分别为_____和_____，深度分别为_____和_____，长度方向的定位尺寸分别为_____和_____。
(4) 尺寸 $\phi 35^{+0.025}_{+0.009}$ 的上极限尺寸为_____，下极限尺寸为_____，公差为_____。
(5) 在该零件的加工表面中，要求最光洁的表面的表面粗糙度代号为_____，这种表面有_____处。
(6) 图中有_____处形位公差代号，解释框格 | = | 0.08 | B | 的含义：被测要素是_____，基准要素是_____，公差项目是_____，公差值是_____。

_____ _____ _____

班级 姓名 学号

7-11 读零件图，回答问题（一）。

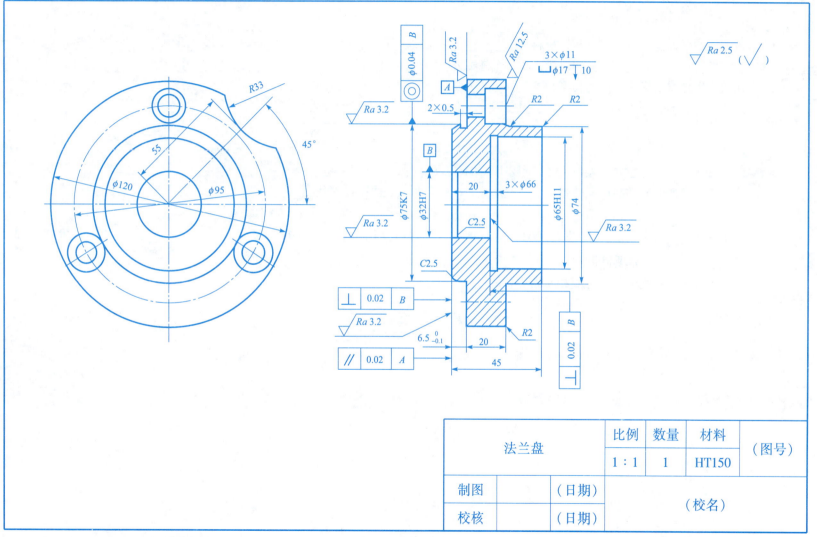

7-11 读零件图，回答问题（二）。

（1）该零件的名称是_____，材料是_____，比例是_____。

（2）该零件用_____个视图表示，哪一个是主视图？为什么？_____。

（3）在图上用指引线指出零件的长度和高度方向的主要基准。

（4）图中尺寸 $\frac{3\times\phi 11}{\sqcup\phi 17 \downarrow 10}$ 表示_____，沉孔的定位尺寸为_____。

（5）图中有_____处公差带代号，$\phi 32H17$ 的含义为_____。

（6）该零件左端面的表面粗糙度代号为_____，右端面的表面粗糙度代号为_____，要求最不光洁的表面粗糙度代号为_____。

（7）图中有_____处形位公差代号，解释框格 ◎ | $\phi 0.04$ | B 的含义：被测要素是_____，基准要素是_____，公差项目是_____，公差值是_____。

（8）请在下方画出右视图（尺寸直接从图中量取）。

班级　　　姓名　　　学号

7-12 读零件图，回答问题（一）。

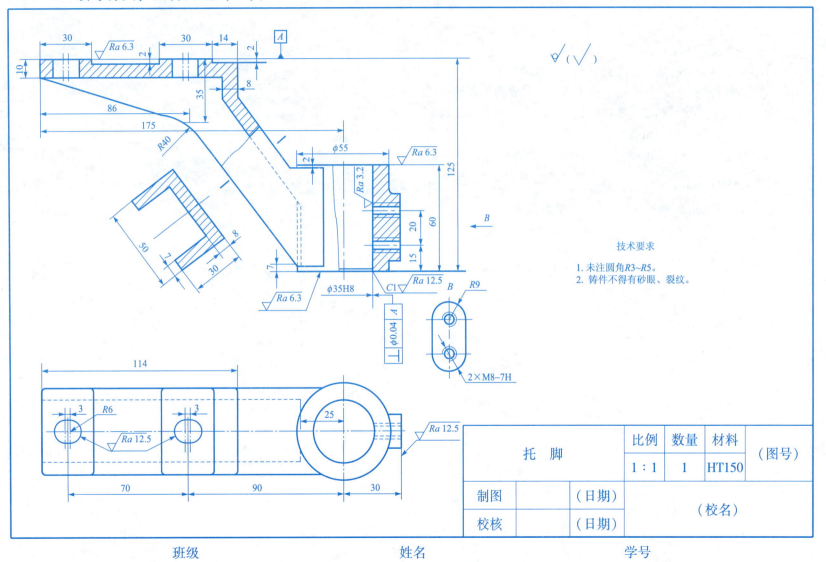

7-12 读零件图，回答问题（二）。

读图回答以下问题
(1) 该零件的名称是_____，材料是_____，比例是_____。
(2) 该零件用_____个视图表示，各视图的名称及剖切方法是_____。
(3) 在图上用指引线指出零件的长、宽、高方向的主要基准。
(4) 该零件顶部两个腰圆形孔的定位尺寸是_____。
(5) 该零件的加工表面中，要求最光洁的表面粗糙度代号为_____，"∀(√)"表示_____。
(6) φ35H8 的含义是_____。
(7) 解释框格 │⊥│φ0.04│A│ 的含义：被测要素是_____，基准要素是_____，公差项目是_____，公差值是_____。

7－13 读零件图，回答问题（一）。

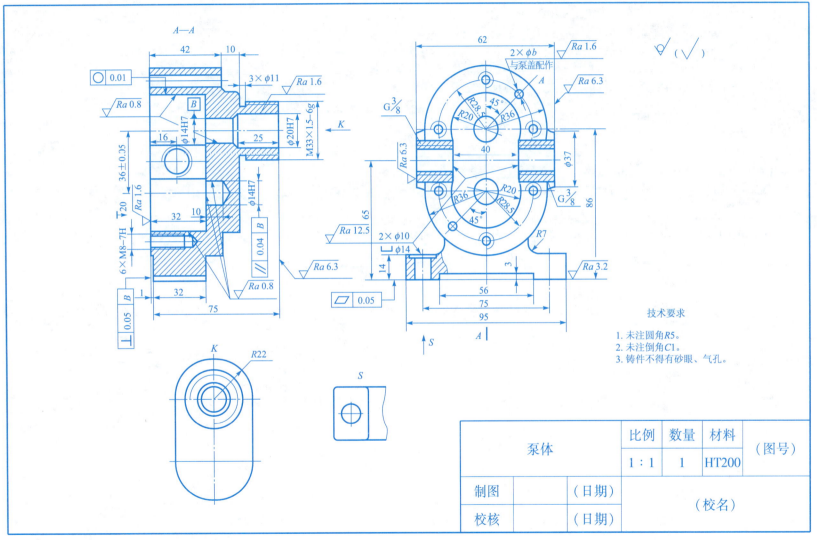

7-13 读零件图，回答问题（二）。

(1) 该零件的名称是_____，材料是_____，比例是_____。

(2) 该零件用_____个视图表示，各视图的名称及剖切方法是_____。

(3) 在图上用指引线指出零件的长、宽、高方向的主要基准。

(4) G 3/8 是_____螺纹，3/8 是螺纹的_____，螺纹的旋向为_____。

(5) 该零件的加工表面中，要求最光洁的表面的粗糙度代号为_____。

(6) $\phi 14H7$ 的含义是_____。

(7) 销孔 $2\times\phi 6$ 的定位尺寸是_____。

(8) 螺钉尺寸"6×M8-7H↧20"中的6表示_____，M8表示_____，7H表示_____，↧20表示_____。

(9) 图中有_____处形位公差代号，解释框格 | ∥ | 0.04 | B | 的含义：被测要素是_____，基准要素是_____，公差项目是_____，公差值是_____。

班级　　　　姓名　　　　学号

7-14 零件图大作业：根据轴测图画出零件图（一）。

作业指导

1. 作业目的：
(1) 熟悉和掌握绘制零件工作图的基本方法与步骤；
(2) 综合运用学过的知识，提高绘制生产中实用零件图的能力。

2. 内容与要求：
(1) 根据给定的轴测图，绘制零件的工作图；
(2) 每张图均用 A3 图纸绘制，比例自定。

3. 注意事项：
(1) 作图时，要以所绘之图一经脱手即将投入生产的心态，严肃、认真、高度负责地进行；
(2) 全面调用已学过的知识，综合加以应用；
(3) 对于所绘的零件图：
① 要符合标准（如视图画法及其标注、尺寸标注、技术要求的注写、标准结构的画法及标注需查表进行标准化等）；
② 尽量符合生产实际（如工艺结构的合理性，所注尺寸便于加工和测量，表面粗糙度、极限与配合、形位公差的选用既能保证零件的质量，又能降低零件的生产成本等）；
③ 布局合理、图形简洁、尺寸清晰、字迹工整，便于他人看图。

1. 图中未注的尺寸从图中直接量取，比例 1∶3。

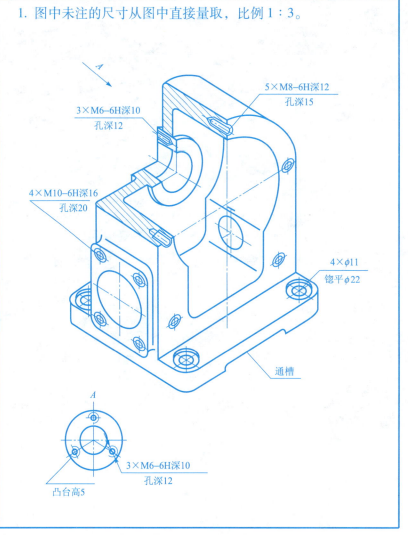

班级　　　姓名　　　学号

7-14 零件图大作业：根据轴测图画出零件图（二）。

2.

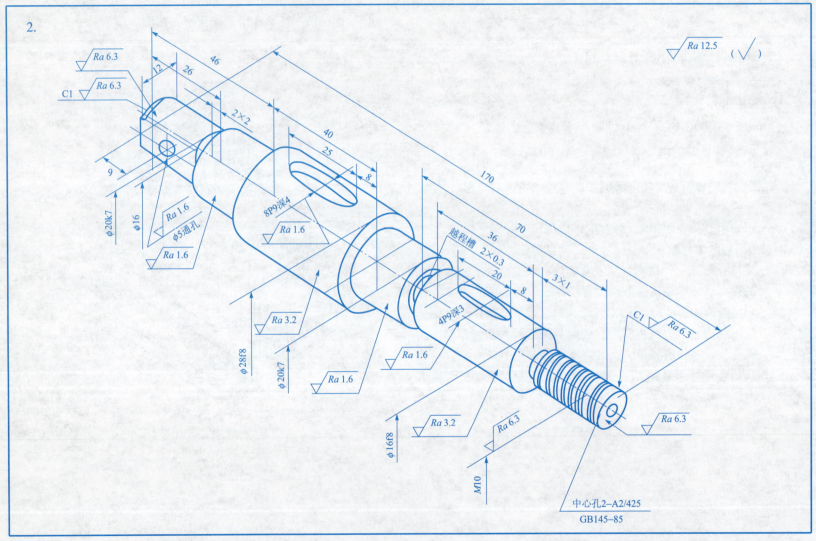

7-14 零件图大作业：根据轴测图画出零件图（三）。

3.

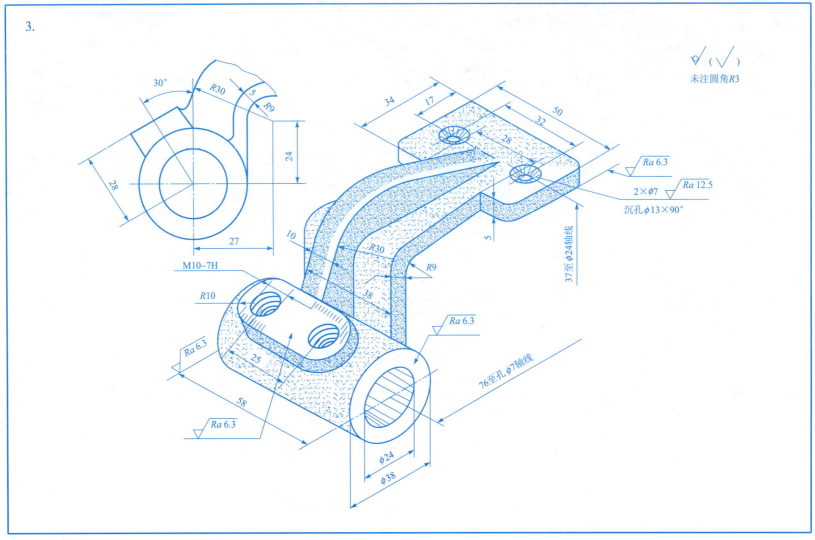

班级　　　姓名　　　学号

7-14 零件图大作业：根据轴测图画出零件图（四）。

4.

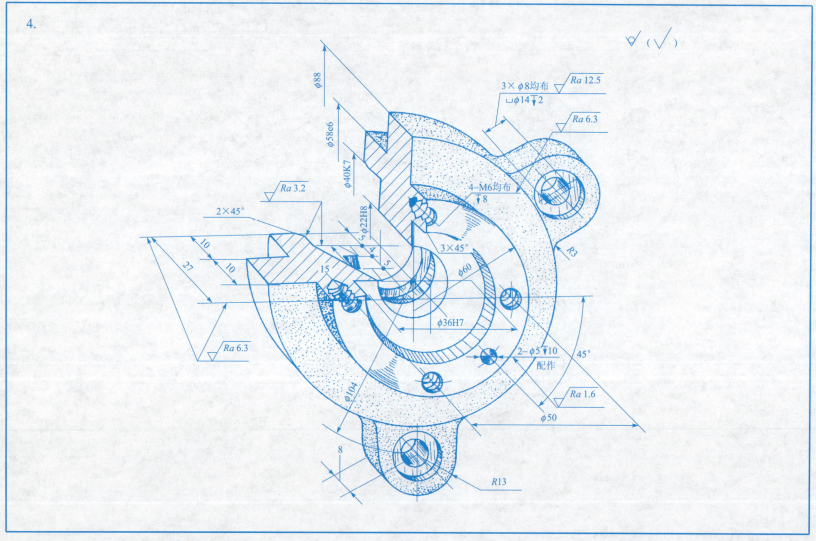

模块八 装 配 图

8-1 参照左上角装配示意图和装配图,将右边6个零件分别装入旋塞座内(螺塞和管接头呈可调整状态);按1∶1拼画装配图。

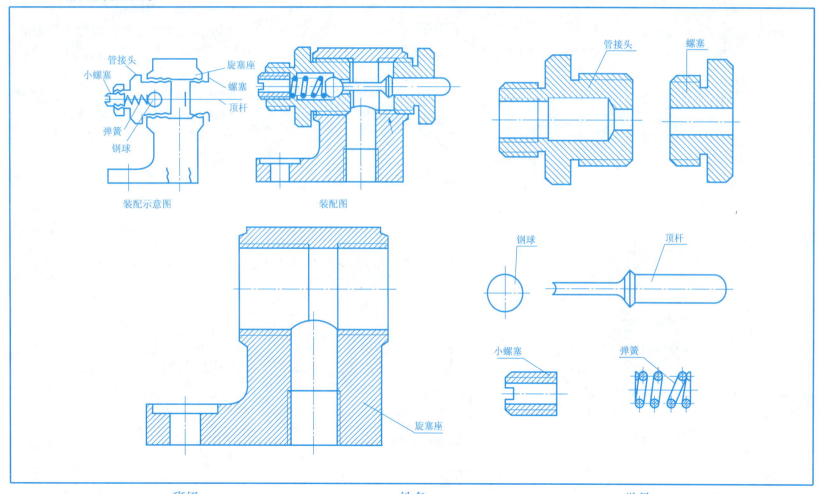

8-2 读钻模装配图，回答问题并拆画件4轴的零件图。

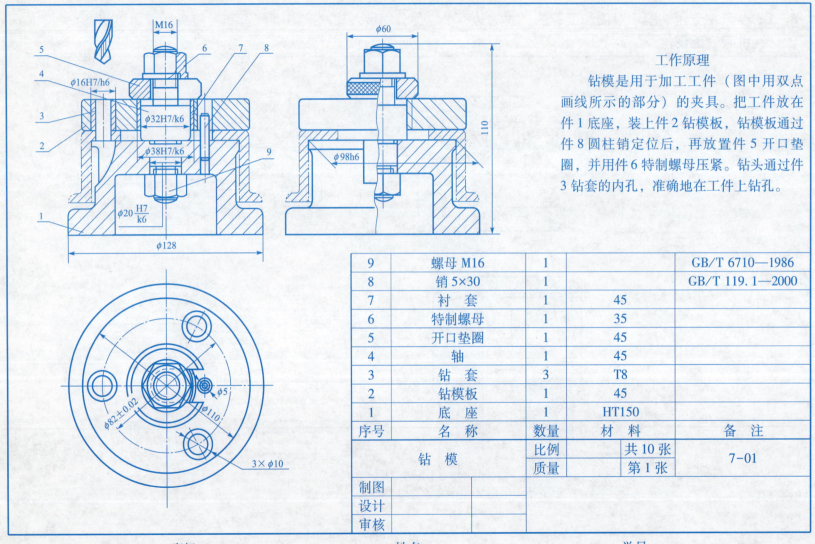

8-2 读钻模装配图，回答问题并拆画件 4 轴的装配图。

解答问题：
1. 该钻模是由_____种共_____个零件组成；
2. 主视图采用了_____剖和_____剖，剖切平面与俯视图中的_____重合，故省略了标注，左视图采用了_____剖视；
3. 零件 1 底座的侧面有_____个弧形槽，与被钻孔工件定位的尺寸为_____；
4. 钻模板 2 上有_____个 φ16H7/h6 孔，件号 3 的主要作用是_____。图中双点画线表示_____，系_____画法；
5. φ32H7/k6 是件号_____和件号_____的配合尺寸，属于_____制的配合，H7 表示_____的公差带代号，k 表示件号_____的_____代号，7 和 6 代表_____；
6. 三个孔钻完后，先松开_____，再取出_____，工件便可以拆下；
7. 与件号 1 相邻的零件有_____（只写出件号）；
8. 钻模的外形尺寸：长_____、宽_____、高_____；
9. 拆画件号 4（轴）的零件图。

轴的零件图：

班级　　　　　　　　姓名　　　　　　　　学号

8-3 读齿轮泵装配图，回答问题并拆画件9泵盖的零件图。

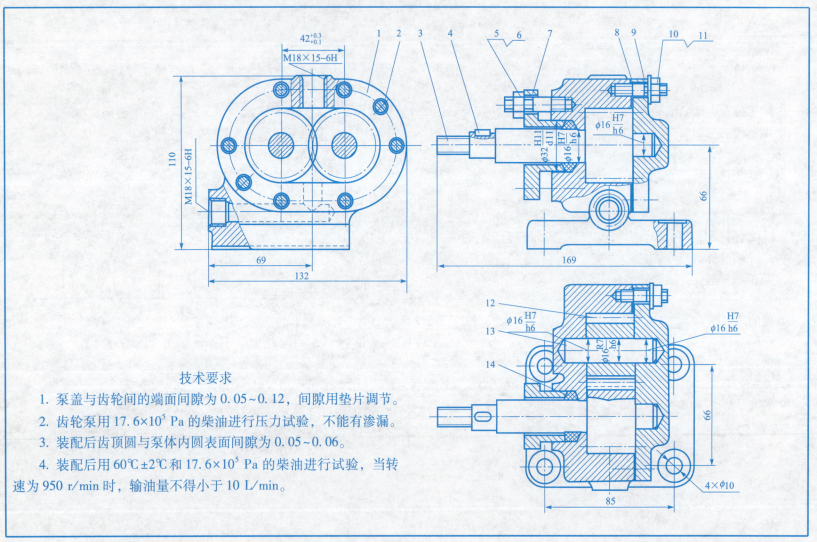

技术要求

1. 泵盖与齿轮间的端面间隙为 0.05~0.12，间隙用垫片调节。
2. 齿轮泵用 17.6×10^5 Pa 的柴油进行压力试验，不能有渗漏。
3. 装配后齿顶圆与泵体内圆表面间隙为 0.05~0.06。
4. 装配后用 60℃±2℃ 和 17.6×10^5 Pa 的柴油进行试验，当转速为 950 r/min 时，输油量不得小于 10 L/min。

班级　　　　　　　姓名　　　　　　　学号

8-3 读齿轮泵装配图，回答问题并拆画泵盖 9 的零件图。

一、齿轮泵工作原理
泵体中一对相互啮合的齿轮在高速运转过程中，吸入从上部油孔进入的油液。在大气压作用下，油液随齿轮旋转形成高压油膜，从下部出油孔压出。

二、回答问题

1. 该装配体采用的表达方法有_____；其中主视图表示的重点是_____；右视图表示的重点是_____。

2. 该装配体规格尺寸（性能尺寸）是_____；M18×15-6H 的含义是_____。

3. 零件 2 的作用是_____；零件 8 的作用是_____。

4. 件 8 涂黑是_____画法。

5. 该装配体的拆卸顺序是_____。

6. $\phi16H7/h6$ 的含义是_____。

7. 拆画泵盖的零件图。

14	填料			浸油石棉			
13	小轴		1	45			
12	从动齿轮		1	45			$m=3$，$z=14$
11	垫圈 8	GB/T 97.1—1985	6				
10	螺柱 m8×32	GB/T 898—1988	6				
9	泵盖		1	HT200			
8	垫片	GB/T 365	1	软钢纸板			
7	压盖		1	HT150			
6	螺柱 M8×40	GB/T 898—1988	2				
5	螺母 M8	GB/T 41—2000	8				
4	键 5×10	GB/T 1096—1979	1				
3	主动齿轮轴		1	45			$m=3$，$z=14$
2	销 6×20	GB/T 117—2000	2				
1	泵体		1	HT200			
序号	名 称	代 号	数量	材 料	单件	总计	备 注
					重量		
齿 轮 泵			比例	质量	第 张		
					共 张		
	制图						
	审核						

班级　　　　　　姓名　　　　　　学号

8-4 读拆卸器的装配图。

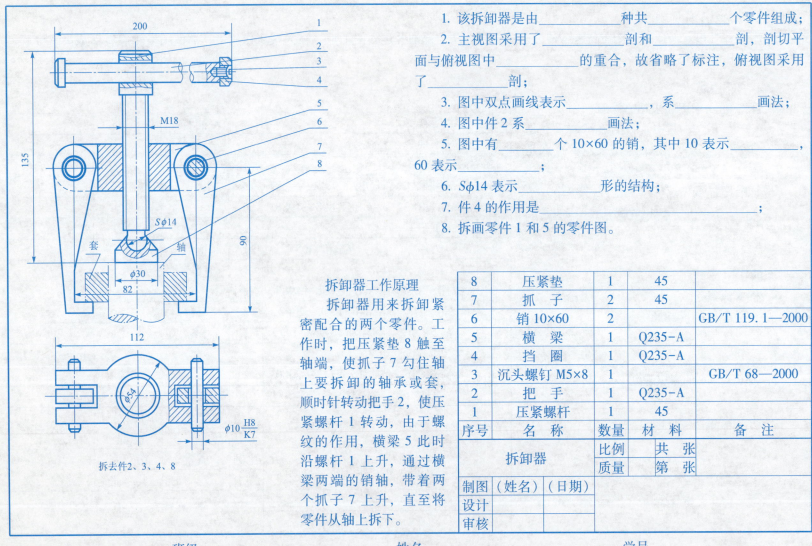

1. 该拆卸器是由_____种共_____个零件组成；
2. 主视图采用了_____剖和_____剖，剖切平面与俯视图中_____的重合，故省略了标注，俯视图采用了_____剖；
3. 图中双点画线表示_____，系_____画法；
4. 图中件2系_____画法；
5. 图中有_____个10×60的销，其中10表示_____，60表示_____；
6. Sϕ14表示_____形的结构；
7. 件4的作用是_____；
8. 拆画零件1和5的零件图。

拆卸器工作原理

拆卸器用来拆卸紧密配合的两个零件。工作时，把压紧垫8触至轴端，使抓子7勾住轴上要拆卸的轴承或套，顺时针转动把手2，使压紧螺杆1转动，由于螺纹的作用，横梁5此时沿螺杆1上升，通过横梁两端的销轴，带着两个抓子7上升，直至将零件从轴上拆下。

8	压紧垫	1	45	
7	抓子	2	45	
6	销10×60	2		GB/T 119.1—2000
5	横梁	1	Q235-A	
4	挡圈	1	Q235-A	
3	沉头螺钉 M5×8	1		GB/T 68—2000
2	把手	1	Q235-A	
1	压紧螺杆	1	45	
序号	名 称	数量	材料	备 注
拆卸器		比例	共 张	
		质量	第 张	
制图	(姓名)	(日期)		
设计				
审核				

班级　　　　　姓名　　　　　学号

8-5 读夹紧卡爪的装配图回答问题并拆画件 8 的零件图。

工作原理

夹紧卡爪是组合夹具,在机床上用来夹紧工件,由八种零件组成(见装配示意图)。卡爪 8 底部与基体 2 凹槽相配合(配合性质为 24H7/g6)。螺杆 7 的外螺纹与卡爪的内螺纹旋合,而螺杆的缩颈被垫铁 3 卡住,使它只能在垫铁中转动。垫铁用两个螺钉 4 固定在基体的弧形槽内。为了防止卡爪脱出基体,用前后两块盖板 5、6 通过六个螺钉 1 连接基体。

当用扳手旋转螺杆 7 时,靠梯形螺纹传动,使卡爪在基体内左右移动,以便夹紧和松开工件(主视图右侧用双点画线表示)。

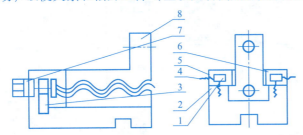

回答下列问题:

1. 本部件采用_____个图形表达,左视图是采用_____得到的剖视图。B—B 局部剖视图表达了件_____与件_____是_____连接。

2. 左视图中的 24H7/g6 表示件_____与件_____之间是_____制配合。

3. 件 8 是靠件_____用_____带动的,主视图中的双点画线画法是_____画法。

4. 垫铁的作用是_____。

5. 拆画卡爪 8 的零件图。

卡爪 8 零件图:

8-5 读夹紧卡爪的装配图。

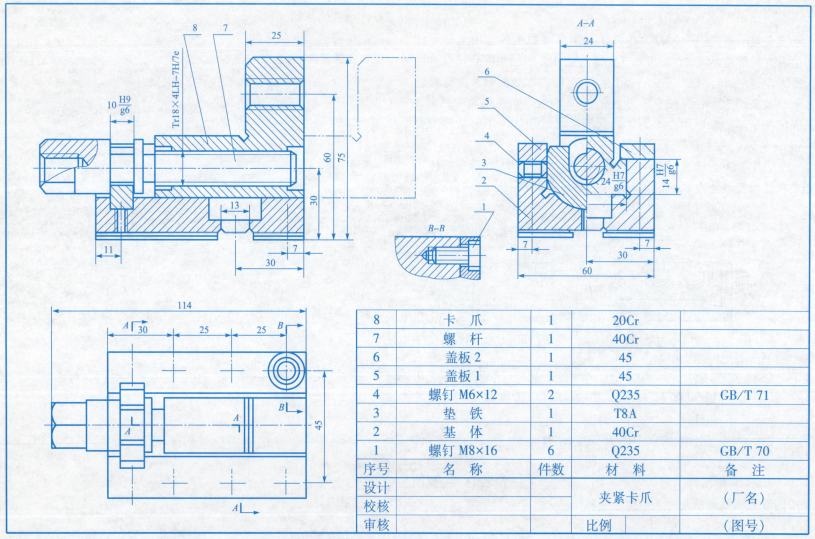

8-6 根据千斤顶的装配示意图和零件图，拼画装配图（一）。

作业指导

1. 作业目的：
(1) 熟悉和掌握装配图的内容和表达方法。
(2) 了解绘制装配图的方法。

2. 内容与要求：
(1) 按教师指定的题目，根据零件图绘制 1~2 张装配图。
(2) 图幅和比例由教师指定。

3. 注意事项（画图步骤）：
(1) 初步了解：根据名称和装配示意图，对装配体的功能进行初步分析，并将其与相应的零件序号对照，区分一般零件与标准件，并确定其数量，分析装配图的复杂程度及大小。
(2) 详读零件图：根据示意图详读零件图，进而分析装配顺序、零件之间的装配关系、连接方法，搞清传动路线、工作原理。
(3) 确定表达方案：选择主视图和其他各个视图。
(4) 合理布图：先画出各视图的画图基准线（主要装配干线、对称线等）。
(5) 注意相邻零件剖面线的画法。标注尺寸，填写技术要求，编写零件序号。

千斤顶的装配示意图

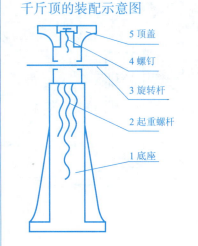

5 顶盖
4 螺钉
3 旋转杆
2 起重螺杆
1 底座

千斤顶的工作原理：

千斤顶是顶起重物的工具。使用时，按顺时针方向转动旋转杆 3，使起重螺杆 2 向上升起，通过顶盖 5 将重物顶起。

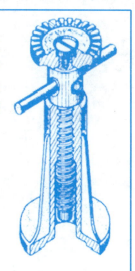

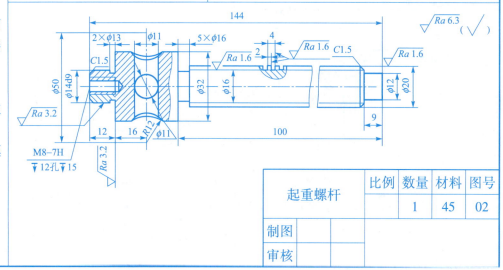

起重螺杆　比例 1　数量　材料 45　图号 02

制图
审核

班级　姓名　学号

8-6 根据千斤顶的装配示意图和零件图，拼画装配图（二）。

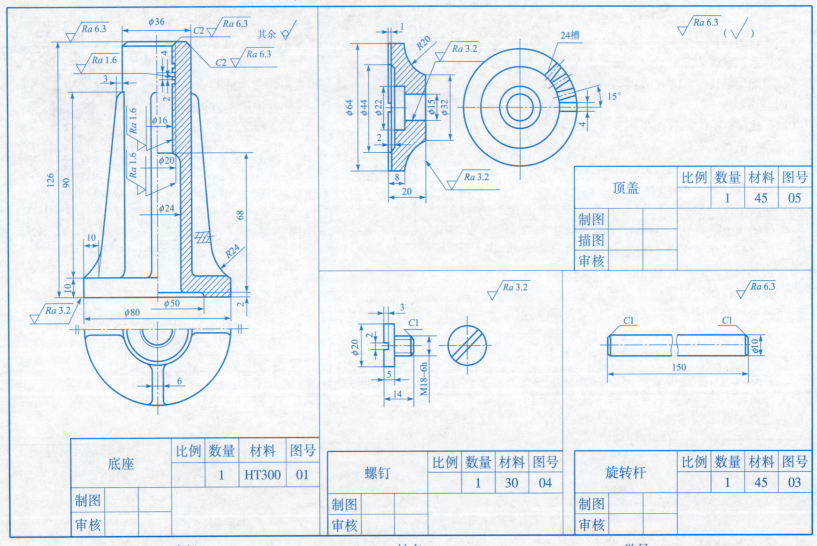

8-7　测绘装配体——齿轮泵（一）。

1. 齿轮泵的工作原理和主要结构

齿轮泵是通过装在泵体内一对啮合齿轮的转动，将油（或其他液体）从入口吸进，由出口排出，从而提高油的压力。主动齿轮 8 通过轴与动力装置（如电动机）相连接，为了防止油沿主动齿轮轴外渗，用橡胶皮碗和皮碗弹簧构成橡胶油封 10。配以支撑圈 11 和孔用弹性挡圈 12 组成一套密封装置。当出口压力超过规定值时，顶开阀门 13 使部分油流回油箱，从而保持油压正常。

该齿轮泵有两条装配线，一条是传动装配线，一条是泄压装配线，这两条装配线是垂直交叉的。传动装配线上有一对啮合齿轮，为标准圆柱直齿轮，其根圆直径与轴径相差较小。因此均做成一体，称连轴齿轮，也叫齿轮轴。轴的两端均用衬套固定。而泄压装配线上有弹簧、调整螺套等零件，通过调整杆 18、调整螺套 15，可以调节阀门弹簧 14 的压力，以便控制出口处的油压值，这套装置称为泄压装置。此外，由密封装置处渗出的油，通过支撑圈 11 上的圆孔和泵座 1 上的螺孔排出。

泵套与泵盖之间采用青壳纸垫密封，两零件之间采用圆柱销 6 定位，以便于安装。泵盖 3 与调整杆 18 之间采用橡胶密封圈 16 密封。

该齿轮泵共有零件 18 种，其中标准件 5 种 13 件；非标准件 13 种 16 件。

2. 齿轮泵的拆卸顺序

拧下四个圆柱头螺钉 4，即可将泵座 1 与泵盖 3 分开，取下纸垫片 9，就可以取出从动齿轮 7。

传动装配线的拆卸：主动齿轮 8 的另一端有一个孔用弹性挡圈 12，用弹簧卡钳取出该挡圈，然后取出支撑圈 11，该连轴齿轮即可拆出。泵座上有两个圆柱销 6，用于泵座 1 与泵盖 3 的定位，它压入泵座销孔内，不必拆出。

泄压装配线的拆卸：卸下帽盖 17，拧调整杆 18，则带动调整螺套 15 一并松开。卸下调整杆 18 及调整螺套 15 后，阀门弹簧 14 和阀门 13 均可取出。

装配顺序一般情况与拆卸顺序相反。

班级　　　　　　姓名　　　　　　学号

8-7 测绘装配体——齿轮泵（二）

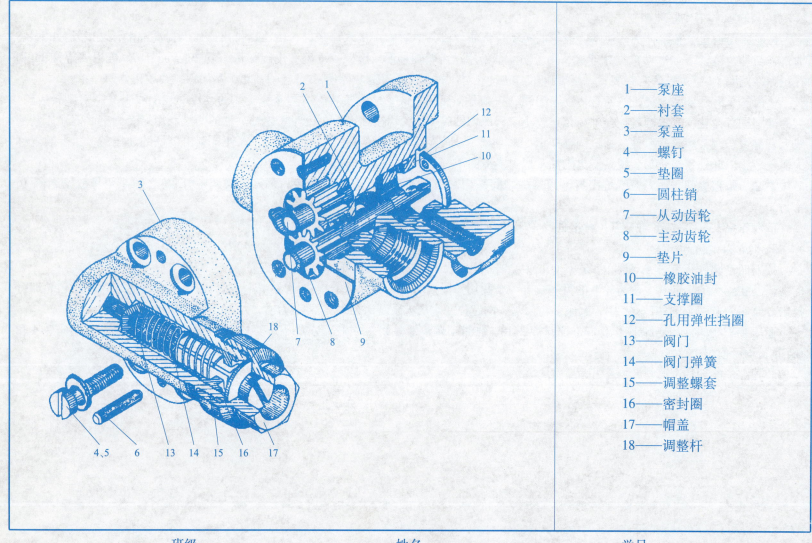

1——泵座
2——衬套
3——泵盖
4——螺钉
5——垫圈
6——圆柱销
7——从动齿轮
8——主动齿轮
9——垫片
10——橡胶油封
11——支撑圈
12——孔用弹性挡圈
13——阀门
14——阀门弹簧
15——调整螺套
16——密封圈
17——帽盖
18——调整杆

班级　　　　　姓名　　　　　学号